尼日尔沙漠油田井下作业技术

《尼日尔沙漠油田井下作业技术》编写组　编著

石油工业出版社

内 容 提 要

本书详细的总结和提炼了西非尼日尔沙漠油田开发十几年来取得的试油、完井及修井作业成果和经验认识。全书以理论为基础，结合油田现场实践，主要介绍尼日尔沙漠油田基本概况，Agadem 油田作业装备及能力、油气井完井、油气井修井作业、井筒封堵工艺技术、试油工艺配套技术、带压作业、环境保护工艺技术和尼日尔沙漠油田作业组织管理等内容。

本书可供尼日尔项目及海外其他区域项目的作业工程技术人员与管理人员使用，并可作为海外相关科研人员参考书。

图书在版编目（CIP）数据

尼日尔沙漠油田井下作业技术 /《尼日尔沙漠油田井下作业技术》编写组编著 . — 北京：石油工业出版社，2022.9

ISBN 978-7-5183-5445-0

Ⅰ . ①尼… Ⅱ . ①尼… Ⅲ . ①沙漠 – 油井 – 井下作业 – 研究 – 尼日尔 Ⅳ . ① TE358

中国版本图书馆 CIP 数据核字（2022）第 113374 号

出版发行：石油工业出版社
（北京安定门外安华里 2 区 1 号楼　100011）
网　　址：www.petropub.com
编辑部：（010）64523757　图书营销中心：（010）64523633
经　　销：全国新华书店
印　　刷：北京中石油彩色印刷有限责任公司

2022 年 9 月第 1 版　2022 年 9 月第 1 次印刷
787×1092 毫米　开本：1/16　印张：11.25
字数：240 千字

定价：100.00 元
（如出现印装质量问题，我社图书营销中心负责调换）

《尼日尔沙漠油田井下作业技术》

编 委 会

主　任：周作坤

副主任：段德祥　闫　军　俞国忠　王岩峰　罗淮东　朱怀顺　徐丙贵
　　　　周海秋　王治中　杨国彬

委　员：（按姓氏笔画为序）

　　　　马文杰　李　杨　张全立　张春雷　郭启军　董孟坤　程维恒

编 写 组

主　编：王　刚　段德祥　李万军　钱　锋　刘纪童　孔祥吉　刘　琦
　　　　周　拓

副主编：景　宁　闫　军　杨　晖　仲　昭　叶　禹　叶东庆　肖　月
　　　　顾亦新　张国斌　韩　飞　石　秀

主要编写人员：（按姓氏笔画为序）

　　　　于　钢　于　萌　马文杰　马古纯　马汝涛　王　伟　王文海
　　　　王印泽　王兴海　王治中　王爱国　方志猛　巴合达尔·巴勒塔别克
　　　　冯　剑　冯数玖　宁　坤　吉　飞　曲兆峰　乔　汉　刘玉含
　　　　刘伟丽　刘会锋　刘志同　刘珊珊　江　文　苏　涛　李　龙
　　　　李　成　李　杨　李　博　李少华　李甘璐　李星月　杨国彬
　　　　杨学东　杨琳琳　肖建秋　吴　萌　吴　晰　张　玮　张　亮
　　　　张华北　张军涛　张国斌　张春雷　陈　沫　陈　博　陈　雷
　　　　邵　强　金子辉　周　川　周泊齐　周海秋　屈沅治　项　营
　　　　赵文杰　赵淑芬　胡　杰　胡志军　胡志坚　胡金喜　侯文杰
　　　　姜福华　贾　涛　顾亦新　徐丙贵　徐海英　高庆云　郭凯杰
　　　　郭慧娟　唐　雷　唐习之　唐松涛　麻永超　董青峰　韩国庆
　　　　程　晋　詹　宁　谭　力　熊洪钢　黎小刚　潘海滨

前言

　　西非一直以来都是中国石油天然气集团有限公司海外重要战略地区。2008 年以来，中国石油尼日尔上游项目公司在尼日尔 Agadem 油田开展勘探开发，共发现区块 77 个，获得地质储量 47.14 亿桶油当量，可采储量超 8.24 亿桶，使得尼日尔成为非洲主力油气生产区，进一步维护了西非作为重要油气合作区的地位，为保障国家能源安全贡献了力量。

　　尼日尔沙漠油田处于西非撒哈拉沙漠腹地，属热带沙漠气候，全年分旱、雨两季，是世界上最热的地区之一，年平均气温 30℃，沙尘暴等恶劣天气频发。Agadem 区块在开发过程中，在试油、修完井作业中面临许多亟需解决问题：（1）沙漠运输困难，运输成本居高不下；（2）地层出砂，影响试油工具的使用及测试效果；（3）定向井、大斜度井使用逐渐增多，对常规试油技术带来挑战；（4）异常高压地层给油井作业带来困难，普通压井液无法满足高压井井控要求。异常低压地层修井作业时漏失频发，储层伤害严重；（5）高含硫化氢，异常高温井试油作业；（6）复杂天然气井复杂修井作业。

　　通过收集整理目前应用的试油、修完井工艺技术在已完成的作业井上的应用情况和存在的不足，结合现场的实际情况和已有的作业条件及设备调研、筛选新的技术和改进现有技术，解决 Agadem 油田作业过程中存在的问题，并进行现场试验及应用评价，形成一套适用于尼日尔 Agadem 油田的试油、修完井特色技术。通过技术革新及配套装备和工具的完善，不仅确保了施工作业更加安全可靠，而且产生了可观的经济效益。

本书较为详细地总结了中国石油尼日尔 Agadem 油田勘探开发过程中形成的试油、完井及修井配套技术及应用实践，由中国石油尼日尔上游项目公司和中国石油工程技术研究院海外工程技术研究所共同组织编写，全书分为九章内容：第一章主要介绍项目基本情况、尼日尔国内社会状况、油田地质情况以及试油、修完井历史作业情况，由王刚、高庆云、叶禹、唐松涛、宁坤、于钢、肖月、刘玉含等编写；第二章主要介绍 Agedem 油田现场作业装备，包括沙漠修井机、配套钻台、修井工具及井控设备等，由段德祥、周川、叶东庆、马汝涛、方志猛、胡志坚、王治中、贾涛等编写；第三章主要介绍 Agedem 油田油气井完井工程，包括常规完井工艺、出砂及高含水等特殊井完井工艺、射孔工艺等，由李万军、杨晖、石秀、杨国彬、周海秋、刘会锋、王爱国等编写；第四章主要介绍 Agedem 油田油气井修井作业，包括压井工艺、井筒准备、冲砂、电泵井修井、注水井作业及复杂天然气井修井作业等，由钱锋、姜福华、李博、王伟、詹宁、董青峰、苏涛、程晋等编写；第五章主要介绍井筒内封堵作业，包括挤水泥封层、桥塞封层、钻塞等，由刘纪童、仲昭、韩飞、郭慧娟、刘志同、刘伟丽、乔汉、杨琳琳等编写；第六章主要介绍试油工艺配套技术，包括常规试油工艺及出砂井、大斜度井、异常高温井等特殊井试油工艺，由周拓、项营、江文、肖建秋、巴合达尔·巴勒塔别克、吴晰、唐雷等编写；第七章主要介绍带压作业，包括钢丝、电缆作业等，由刘琦、顾亦新、张玮、吴萌、唐习之、谭力、邵强、陈沫等编写；第八章主要介绍环境保护工艺，包括废液无害化处理、偏远试采井原油处理工艺等，由景宁、张国斌、李龙、赵淑芬、屈沅治、李甘璐、李成、郭凯杰等编写；第九章主要介绍作业组织管理，包括组织机构、管理流程、规章制度体系及施工过程管理等，由孔祥吉、徐丙贵、于萌、李星月、麻永超、张亮、周泊齐、刘珊珊等编写。本书的编写和出版得到了中国石油集团公司、中国石油尼日尔上游项目公司和中国石油工程技术研究院有限公司海外工程技术研究所、长城钻探工程公司、大港油田等单位领导和专家的大力支持，在此表示由衷的感谢。

本书涉及试油、完井、修井、带压作业以及相关作业管理，涵盖专业技术多、技术领域广、数据资料庞大，加之编者水平有限，难免存在缺陷，敬请广大读者批评指正。

目录

第一章　尼日尔沙漠油田基本情况

第一节　油田概况

非洲地区是中国石油海外重要油气合作区，也是主要油气上产区，尼日尔项目作为中国石油在海外重要勘探项目之一，是"一带一路"倡议在非洲国家实践的重要体现。2008 年以来，中国石油尼日尔上游项目公司在 Agadem、Bilma 和 Tenere 三个区块开展勘探开发。

截至 2020 年，Agadem 区块已全面转入开发，Bilma 区块和 Tenere 区块仍处于勘探期。Agadem 区块一期 Goumeri、Agadi、Sokor 三个断块及准备投入二期开发的 Faringa、Dibeilla、Gololo、Dinga Deep、Yogou 等共有 77 个断块。

Agadem 区块位于尼日尔东南部，覆盖了 Termit 盆地的主体部分，在尼日尔首都尼亚美以东 1400km，区块位于撒哈拉沙漠南缘，海拔 300~400m，地形整体呈北高南低、东高西低的趋势。地面高差较小，遍布长条形波浪状沙丘。气候干燥，植被稀少，但地下水十分丰富，且埋深小于 100m。区块内不适于居住，在区块西南部，已有一期 2 个油田投入生产开发，并建有营地、机场，从 Jaouro 营地到尼亚美有定期航班。

尼日尔沙漠油田处于西非撒哈拉沙漠腹地，属热带沙漠气候，全年分旱、雨两季，是世界上最热的地区之一，年平均气温 30℃。1 月、2 月为最凉爽季节，夜间气温可低到 10℃以下；4 月、5 月为最热季节，白天地表温度可达 50℃以上；6—9 月为雨季，10 月至次年 5 月为旱季，沙尘暴等恶劣天气频发（图 1.1）。

图 1.1　尼日尔沙漠油田自然情况

一、Agadem 区块

Agadem 区块自 1969 年开始勘探至 2008 年由中国石油所属的海外油气勘探开发公司接管历经近 40 年，先后由 4 家国际知名石油企业接手（联手）开展勘查工作，发现 6 个油气藏、2 个出油点，但综合评价无商业价值，并先后退出勘探区。总结其勘探过程主要包含两个阶段。

前作业者（Texaco 公司）甩开勘探阶段（1969—1985 年）。该阶段主要借鉴中西非其他盆地勘探经验，钻探井 9 口，6 口失利，探井成功率 33%。钻评价井 5 口，发现 2 个出油点，1 个重要发现（Sokor-1，1982），未能锁定为主力成藏组合。

前作业者（Elf、Esso、Petronas 公司）勘探阶段（1985—2006 年）。该阶段以区块西侧发育"古近系三角洲前缘砂体"认识为指导，在 Dinga 断阶带发现 Goumeri 油气田、Faringa 油气田、Karam 油气田、Agadi 油田、Jaouro 油田和 Gani 油田六个断块油气田，甩开勘探未获突破，探井成功率 45.8%。2003 年完成大规模退地，仅保留 Agadem 区块现有范围。截至中国石油尼日尔上游项目公司接管之前，该区块内已完成航磁勘探 30825km，部署二维地震测线 16835km，共完钻 20 口探井，总进尺 51483m，共发现了 6 个断块，3P 石油地质储量 3.6010×10^8bbl，EV 石油地质储量 2.1025×10^8bbl，3P 石油可采储量 0.9×10^8bbl。

2008 年以来，中国石油在 Agadem 区块累计部署二维地震测线 13026.225km，二维地震资料现已覆盖全区，累计完成三维地震 14 个区块（Dougoule、Agadi、Sokor、Goumeri、Dinga Deep、Dibeilla、Koulele、Abolo、Gabobl、Yogou、Garana、Ngourti、Cherif 及 Bokora），共 11607km^2，时频电磁测线 996.7km；完钻井 187 口，其中探井 130 口、评价井 57 口，获商业油流井 105 口，探井成功率 80.7%，新增 3P 石油地质储量 41.52×10^8bbl，天然气地质储量 247.54×10^8m^3（表 1.1）。古近系 Sokor1 段是 Agadem 区块主要含油层系，探明储量占已发现储量的 87%。上白垩统 Yogou 组为重要含油层系，探明储量约占 13%。此外，上白垩统 Donga 组、Madama 组和古近系 Sokor2 段也发现少量油气，是重要拓展层系。

表 1.1 Agadem 区块实施勘探工作量表

物探工作量			探井工作量		储量发现	
三维 （km^2）	二维 （km）	时频电磁 （km）	探井 （口）	评价井 （口）	3P 石油地质储量 （10^{8}bbl）	3P 天然气地质储量 （10^{8}m^3）
11607	13026.225	996.7	130	57	41.52	247.54

二、Bilma 区块

Bilma 区块位于尼日尔东北部，位于 Tenere 区块（坳陷）和 Agadem 区块（Termit

盆地）以东，包括南部的 Termit 东台地、Trakes 斜坡和北部的 Grein 坳陷。Termit 东台地、Trakes 斜坡构造上属于 Termit 裂谷盆地，Grein 坳陷为独立的中生界残留盆地。中国石油西非公司尼日尔项目公司（CNPCNP）于 2003 年 11 月获得该区块的勘探许可，目前处于第三勘探期延长期，是 CNPCNP 在西非重要的风险勘探区块之一。

截至 2018 年，Bilma 区块累计部署二维地震测线 3962km，三维地震 468km²，以及时频电磁测线 694km，完钻井 8 口，发现 Oyou、Oyou E、Kaido、Trakes N 等 7 个油藏及 Gabobl、Fana、Dibeilla S 3 个跨区块油藏，合计新增 3P 石油地质储量 2.2054×10^8 bbl（表 1.2、图 1.2）。

表 1.2　Bilma 区块实施勘探工作量表

物探工作量			探井工作量		储量发现	
三维 （km²）	二维 （km）	时频电磁 （km）	探井 （口）	评价井 （口）	3P 石油地质储量 （10^8bbl）	3P 天然气地质储量 （10^8m³）
468	3962	694	8	0	2.2054	—

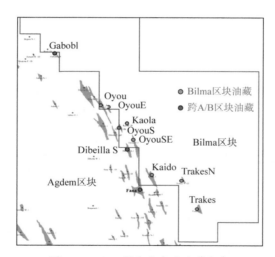

图 1.2　Bilma 区块已发现油藏分布

三、Tenere 区块

Tenere 区块目前处于第三勘探期，包括北部的 Soudana 转化带和南部的 Temit 西台地，其中 Soudana 转化带构造上位于 Termit 盆地 Dinga 凹陷与 Tenere 坳陷之间的过渡地区，但整体构造应属于 Dinga 凹陷向北延伸部分。CNPCNP 于 2003 年 11 月获得该区块的勘探许可。

截至 2018 年，Tenere 区块累计部署二维地震测线 6256km，时频电磁测线 431km，完钻井 7 口（表 1.3），未获得储量发现。

表 1.3 Tenere 区块实施勘探工作量表

物探工作量		探井工作量	
二维（km）	时频电磁（km）	探井（口）	评价井（口）
6256	431	7	0

第二节 油田地质概况

一、地质特征

1. 地层对比

根据地震、钻井、测井和岩心分析化验等多项研究资料的揭示和证实，尼日尔 Termit 盆地从老到新发育的地层有前寒武系—前侏罗系基底、下白垩统、上白垩统、古近系、新近系和第四系（图 1.3）。

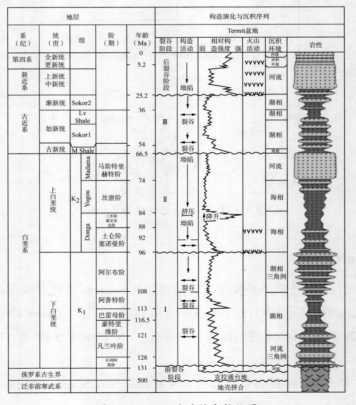

图 1.3 Termit 盆地综合柱状图

2. 地层特征

1）基底地层

基底地层为前寒武系—前侏罗系白色—绿灰色含黏土、硅质和钙质的变质粉砂岩。

2）白垩系

下白垩统以陆相沉积为主，主要岩性为含硅质、高岭石以及部分石英质的纯净砂岩与粉砂岩和少量泥岩互层。

上白垩统自下而上沉积有 Donga 组、Yogou 组和 Madama 组。其中，Donga 组为海相沉积，其上面的 Yogou 组为海陆过渡相沉积，顶部 Madama 组为厚层陆相砂岩沉积，具体特征如下。

（1）Donga 组。

Donga 组底部一般为硅质、高岭土质以及部分石英质的纯净砂岩和部分粉砂岩与少量泥岩互层；中上部以灰色—黑色泥岩、页岩为主，夹薄层白色—浅灰色粉砂岩、细砂岩。地层厚度一般为 1100~1500m，平均厚度为 1280m。

（2）Yogou 组。

Yogou 组中下部以泥页岩为主，为研究区内主要的烃源岩，上部砂岩发育，以细砂岩、中砂岩为主，夹薄层泥岩。地层厚度一般为 400~700m，平均厚度为 550m，是油田主要含油层系之一。

（3）Madama 组。

Madama 组以厚层块状中—粗砂岩及砂砾岩为主，近底部夹暗色泥岩，地层厚度一般为 280~670m，平均厚度为 430m。

3）古近系

古近系 Sokor 组分为下段 Sokor1（S1）和上段 Sokor2（S2）共两段，各段特征如下。

Sokor1 段：顶部为低速泥岩段，厚度为 50~150m，表现出低声波速度的特点。中下部为砂泥岩互层地层，泥岩颜色以浅灰色、灰色、深灰色为主，砂岩以杂色中、细砂岩、粉砂岩为主。地层厚度一般为 300~1000m，平均厚度为 730m，是油田主力含油层系。

Sokor2 段：为灰绿色、灰色、深灰色泥岩，夹薄层灰白色细砂岩、极细砂岩，地层厚度一般为 60~830m，平均厚度为 430m。

4）新近系

新近系属近现代河流相沉积，下部为砂泥岩互层，上部为块状砂岩夹薄层泥岩，地层厚度为 440~1550m，平均厚度为 900m。

3. 油组划分与对比

Agadem 区块主要发育古近系 Alter Sokor 组（Sokor1）和上白垩统 Yogou 组两套含

油气层系,其中 Sokor1 组为主力含油气层系,其上为 Argiles Sokor 组(Sokor2),其下为白垩统 Madama 组和 Yogou 组。

Yogou 组整体呈反旋回特征,底部为相对海平面最大阶段,沉积大量的暗色泥岩,向上海平面下降,沉积能量增加,砂岩逐渐发育。结合沉积旋回性,自下而上进一步划分为 Yogou 组下段(YSQ1)、Yogou 组中段(YSQ2)、Yogou 组上段(YSQ3)共 3 个油层组,各油层组特征如下所述(图 1.4):

YSQ1 以泥岩为主,可见薄砂层,测井曲线相对平直,呈齿化状,声波曲线在顶部出现台阶;

YSQ2 中下部以泥岩为主,夹薄砂层,测井曲线表现为中低幅尖刀状,顶部发育厚砂层,测井曲线表现为高幅箱形,整体呈现反旋回特征;

YSQ3 为一套富砂地层,底部砂泥岩互层,向上砂体发育,逐渐变厚,测井曲线以高幅箱形、漏斗形为主。

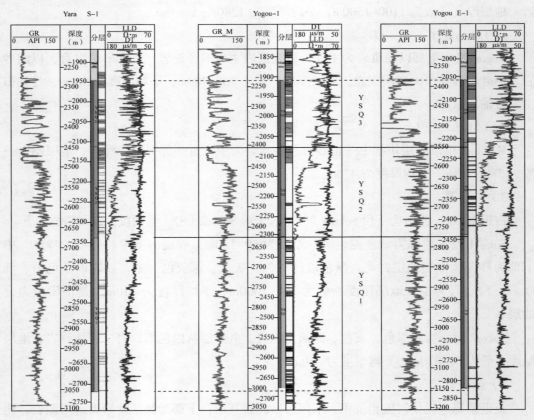

图 1.4　Yogou 地层油层组对比图

按沉积旋回,Sokor1 从老到新划分为 E5、E4、E3、E2、E1 和 E0 共 6 个油(气)层组,其中 E0 油(气)层组为低速泥岩段。Sokor1 各油(气)层组的特征如下:

E5 油（气）层组沉积能量最强，砂体厚度大，电性曲线表现为高幅箱形，在油组底部发育一套厚度为 15~25m 的稳定泥岩与下伏 Madama 块状砂岩接触，在中上部发育一套较纯的泥岩，电性曲线呈"＜"形态；地震剖面上呈现较强地震反射特征。

E4 油（气）层组大部分地区呈现反旋回特征，中下部以泥岩为主，上部发育砂层，电性曲线表现为中—高幅度，储层纵向及横向变化较大；地震反射特征较弱。

E3 油（气）层组砂体整体发育，底部、中上部和顶部均有砂体发育，电性曲线表现为中—高幅齿状特征；具有中强地震反射特征。

E2 油（气）层组整体呈现典型的反旋回特征，底部以泥岩为主，夹薄砂层，电性表现为中、低幅，向上砂体发育，砂层变厚，岩性变粗，以中—粗砂为主，电性表现为高幅；该油组整体上具有较强地震反射特征，全区可对比追踪。

E1 油（气）层组整体呈现典型的反旋回特征，下部发育全区较为稳定"ε"形态的泥岩，电性曲线低幅平直，向上岩性变粗，以粉砂岩、细砂岩为主，电测曲线表现为中幅到高幅的指状、尖刀状；地震剖面上具有较强地震反射特征，全区可对比追踪。

E0 油（气）层组为一套岩性较纯的泥岩，低声波速度，地震反射呈现正相位亚平行反射结构，可连续对比追踪。

二、构造特征

Termit 盆地是一个在前寒武系变质岩基底上发育起来的中生代、新生代断陷盆地，经历了白垩系和古近系两个断陷—坳陷旋回，纵向上形成两套沉积层序，沉积了巨厚的中生代、新生代。

盆地北部地区包括 Dinga 断阶带、Dinga 凹陷、Araga 地堑和 Soudana 凸起，裂谷 I 期的盆地结构样式以多米诺式半地堑为主，多为西断东超，之后经历了一次大规模的海侵，沉积了一套海相地层。裂谷 II 期，该区大断层继承性发育，并在坳陷西侧派生出现新的大断层，导致在西部形成断阶带，在东部发育 Araga 地堑。南部地区包括 Fana 低凸起、Yogou 斜坡、Moul 凹陷和 Trakes 斜坡（图 1.5）。

Termit 盆地深浅两期构造继承性发育，晚期断裂活动强，对盆地结构起决定性作用，并形成了断鼻、断垒和断背斜等多种类型的构造圈闭。盆地东西两侧的 Dinga 断阶带、Araga 地堑、Fana 低凸起是富油气构造带，Yogou 斜坡和 Moul 凹陷亦有油气藏形成，是下组合 Yogou 组主要的成藏区。在 Agadem 区块共发现 106 个含油气构造，其中断鼻构造最发育。106 个含油气构造中：75 个断鼻构造，在 Dinga 断阶带、Araga 地堑、Fana 低凸起和 Yogou 斜坡均发育；21 个断垒构造，主要发育在 Dinga 断阶带和 Fana 低凸起；10 个（断）背斜构造，主要发育在 Yogou 斜坡。

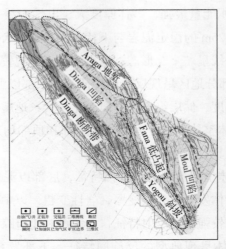

图 1.5　Agadem 区块构造纲要图

1. Dinga 断阶带构造特征

Dinga 断阶带位于 Agadem 区块西南侧，西邻 Termit 西台地，东接 Dinga 凹陷。断阶带呈北西—南东向条带状展布，北部较窄，向南逐渐变宽；由西向东呈台—坡—凹的阶梯状构造，Termit 西台地最高，以二级主断层为界，由西向东地层逐级向下掉落，断阶带东侧沿凹陷呈狭长条带状展布的裂陷地堑（图 1.6）。

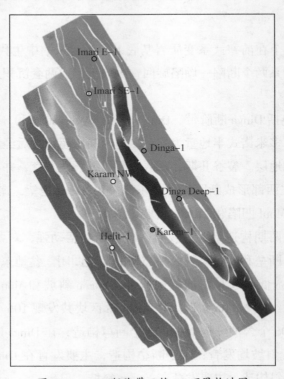

图 1.6　Dinga 断阶带三维 E2 顶界构造图

2. Araga 地堑构造特征

Araga 地堑东邻 Termit 东台地，西接 Dinga 凹陷缓坡区，该区构造总体上为缓坡边缘断层与盆地边界断层界定的地堑构造，地堑内部发育地垒条块，从而形成该区东西向堑—垒相间的构造特点，同时又具有南北向分带的特点，从北向南依次发育 Ounissoui 构造带、Madama 构造带和 Dibeilla 构造带，这三个构造带呈侧向斜列展布。

Madama 构造带具有明显的东西分带的构造特征。受古构造和断裂控制，可细分为雁列断阶带、复式断鼻群两个次一级构造带。Madama 高斜坡区西侧发育一系列走向为北西、倾向为北东、南东的断裂，整体上断层走向为北西向，发育早，并呈雁列状排列，形成一系列断阶带（图 1.7）。

Dibeilla 构造带地层整体高点在东部，构造格局为从南到北构造发生明显变化。北部发育两条近南北走向，西掉的大断裂，与多条东掉断层形成复式地堑结构，向南断裂组合发生规律性变化，出现垒块构造。

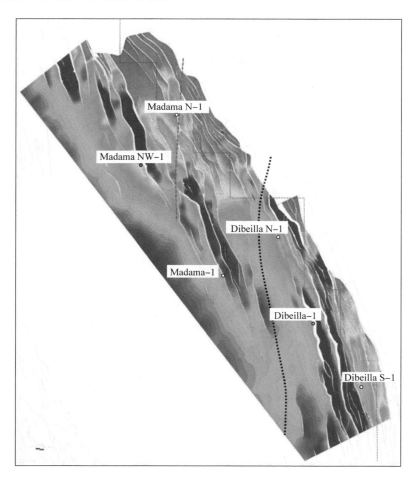

图 1.7 Araga 地堑 E2 顶界构造形态图

3. Fana 低凸起构造特征

Fana 低凸起位于 Dinga 凹陷和 Moul 凹陷之间，其北部北东方向为 Termit 东台地，向北西方向与 Araga 地堑构造相接，其南部西侧与 Dinga 断阶带会合，并融为一体，其南东方向为 Moul 凹陷。Fana 低凸起整体上呈北高南低、西高东低。与 Dinga 断阶带和 Araga 地堑发育的断裂不同，Fana 低凸起的主要断层为北北西—近南北走向，因而，该构造带整体走向亦为北北西—近南北走向（图 1.8）。

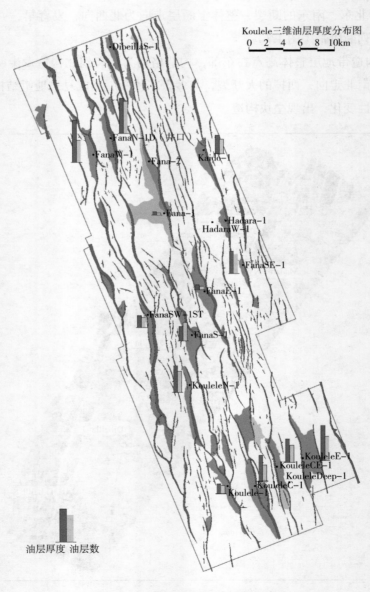

图 1.8　Koulele 三维区 E2 顶界构造图

4. Yogou 斜坡及 Moul 凹陷构造特征

Yogou 斜坡与 Moul 凹陷位于 Agadem 区块南部，其北宽南窄并逐渐向南收敛形成帚状构造，该区断裂活动弱，西侧受断层影响较小，地层向西平缓上扬并向 Termit 西台地过渡，北部与 Fana 低凸起连接，总体为一个东西双断的"不对称凹陷"，呈北高南低。

Moul 凹陷埋藏较浅，沉积厚度与 Dinga 凹陷比相对较薄，凹陷结构东陡西缓，为一不对称的浅凹。Moul 凹陷的地层在 Agadem 区块范围内向南逐渐抬升，到 Yogou-1 井附近达到最高，形成了东西向受断层控制，南北向双倾的继承性发育的断块构造群。

三、储层特征

1. 岩石特征

1）岩性特征

Agadem 区块目的层 Yogou 组岩性以灰色、暗色泥岩、泥页岩和灰色、灰白色粉砂岩、细砂岩为主；Sokor1 段 E5 储层岩性较粗，以细砂岩、中砂岩及含砾不等粒砂岩为主，向上 E4、E3、E2 和 E1 储层岩性变细，以细砂岩、极细砂岩和粉砂岩为主，可见较粗的中砂及含砾不等粒砂岩，E0 储层主要为灰色、灰白色泥岩，夹少量薄层砂岩。

Sokor1 段砂岩颜色总体以白色、乳白色、灰白色和灰色为主，呈透明—半透明状，石英含量高，达到 63%~92%，长石含量低。分选中等—好，颗粒呈次棱角状—次圆状，胶结程度中等—好，以孔隙式胶结为主。孔隙类型以粒间孔、溶孔为主（图 1.9 和图 1.10）。

白垩系 Yogou 组储层岩石类型为石英砂岩，呈次棱角状—次圆状，颗粒接触关系为点—线接触，部分可见线接触—凹凸接触，胶结类型为孔隙式胶结。孔隙类型主要有原生孔和粒间溶孔（图 1.11 和图 1.12）。

图 1.9　Dibeilla N-3 井，
1636.77m，长石石英粗砂—中砂岩

图 1.10　Dibeolla-2 井，
1412.39m，次生、原生粒间孔及颗粒内溶孔发育

图 1.11　Gololo W-2 井，
1991.2m，石英中—细砂岩

图 1.12　Agadi-2 井，
1998.64～1998.72m，粒间孔、溶孔

2）黏土矿物特征

对 Agadem 二期区块 6 口取心井 52 块样品进行了 X 射线衍射黏土矿物相对含量化验，并对取心井各层位黏土矿物的含量和类型进行了统计分析。从取心段 X 射线衍射黏土矿物化验统计结果分析可见，全区 E5—E1 油组黏土矿物以高岭石为主，不同地区在各矿物成分和含量上略有不同，其中 Dibeilla 地区在 E4、E5 油组和 Madama 油组以高岭石为主；在 E3 油组伊/蒙混层，高岭石和绿泥石均发育，高岭石含量占优；在 Dinga Deep 地区 E4 油组以绿泥石为主，含高岭石，E2 油组以高岭石为主；在 Gololo 地区黏土矿物主要为高岭石和绿泥石。其形状和产状如图 1.13 和图 1.14 所示。

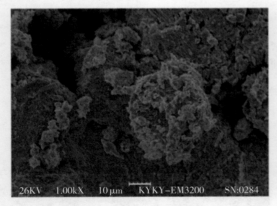

图 1.13　Dibeilla-2 井，
1412.39m，黏土矿物及粒间孔隙

图 1.14　Agadi-2 井，
2009.54～2009.63m，绿泥石与高岭石共生

3）岩石润湿性

对 Agadem 二期区块 Karam-2 井 E2 油组和 Dibeilla N-3 井 E5 油组各 4 个样品进行了岩石润湿性测定，结果显示 Karam-2 井岩石为弱亲水—亲水，Dibeilla N-3 井岩石为弱亲水。

2. 储层分布特征

1）砂岩厚度和分布

根据测井资料，对动用断块主要含油目的层位砂岩厚度展开统计，上组合中 E5—E1 各油组砂岩平均厚度依次为 62.06m、20.18m、20m、33.54m 和 18.61m，各油组单砂层的平均厚度依次为 5.1m、3.31m、2.58m、2.98m 和 2.62m。E0 油组砂岩仅在 Madama N-1、Dougoule-1 和 Dougoule NE-1 等井发育。上组合中 E5 和 E2 油组砂岩平均厚度及单层平均厚度较大，砂体发育，E1 油组平均砂岩厚度和单层平均厚度相对较小。下组合中 Yogou 油组含油层位主要在中段和上段，中段平均钻遇砂岩厚度 64.3m，单层平均厚度 3.2m，上段平均钻遇砂岩厚度 68.6m，单层平均厚度 4.4m，最大厚度达到 27m。

2）油层特征

根据测井资料，FGD、Dibeilla、Dinga Deep、Koulele 和 Abolo-Yogou 五个油田群上组合单井平均钻遇油层厚度分别为 18.9m、33.2m、24.7m、20.9m 和 13.6m，平均单油层厚度分别为 2.4m、3.1m、2.7m、2.4m 和 3.7m（表 1.4）。在上组合中，Dibeilla 油田群油层最发育，单井平均钻遇油层厚度最大达 67.8m。

表 1.4　Agadem 区块上组合单井平均钻遇油层厚度统计表

区块	最小厚度（m）	最大厚度（m）	平均钻遇厚数（层）	平均钻遇厚度（m）	井数（口）
FGD	3.4	60.6	7.8	18.9	24
Dibeilla	4.2	67.8	10.6	33.2	13
Dinga Deep	19.8	27.7	9	24.7	4
Koulele	5.9	49	8.9	20.9	34
Abolo-Yogou	3.5	35	3.6	13.6	18

3. 储层物性

Agadem 区块一期共有取心井 10 口，取心层位涵盖 E1—E5 油组及 Yogou 油组全部目的层位。对 243 块样品进行物性化验分析，根据岩心化验资料的统计分析，研究区以中高孔、中高渗储层为主，储层物性整体较好（表 1.5）。

表 1.5　含油取心井段物性统计表

层位	有效孔隙度（%）			渗透率（mD）			样品数（块）	取心井	备注
	最大	最小	平均	最大	最小	平均			
E1	33.3	13.3	25.7	551.8	0.221	79.7	43	Agadi-2	油迹粉砂岩为主
E2	26	15.5	22.8	1014	45	330	59	Goumeri-2	油浸粉细砂岩
E2	31.6	30.7	31.2	877	309	593	2	Karam-2	胶结程度好的油斑中—细砂岩
E3	33.2	24.4	29.2	2340		2340	1	Dibeilla-3	饱含油细砂岩

层位	有效孔隙度（%）			渗透率（mD）			样品数（块）	取心井	备注
	最大	最小	平均	最大	最小	平均			
E4	30	29	29.5	198	151	175	2	Dibeilla-3	油浸粉细砂岩
E5	34.8	18.7	25.9	19000	210	6388	35	Dibeilla N-3	富含油中—细砂岩
Yogou	25.1	20.7	22.9	174	74.2	124.1	2	Yogou-3	油浸中—细砂岩

4. 储层敏感性特征

储层敏感性分析是油田开发过程中保护油层和减小对储层伤害的理论依据，也是指导后续试油及措施作业和油田高效开发的基础。尼日尔沙漠油田 Agadem 区块一期完成了取心井 Agadi-2 井 E1 油组两个岩心样品的敏感性室内实验。

1）速敏分析

Agadi-2 井样品 1 实验结果为初始水流量 0.147cm³/min，初始渗透率 16.30mD，最终水流量 5.998cm³/min，最终渗透率 9.29mD，随着流速增加，储层渗透率逐渐减小（图 1.15）。为中等偏弱速敏，临界流量 1.006cm³/min。

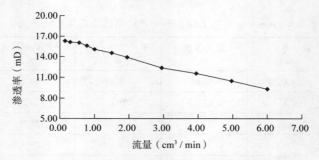

图 1.15　Agadi-2 井样品 1 速敏实验曲线

Agadi-2 井样品 2 实验结果为初始水流量 0.155cm³/min，初始渗透率 10.41mD，随着水流量的增加，渗透率逐渐增大，当水流量为 0.520cm³/min 时，渗透率最大，为 11.16mD，之后随着水流量的增大，渗透率逐渐减小，最终水流量 5.925cm³/min，最终渗透率 8.17mD（图 1.16）。表明为弱速敏，临界流量 3.929cm³/min。

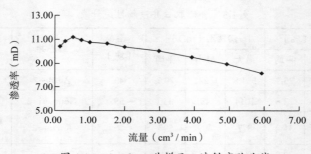

图 1.16　Agadi-2 井样品 2 速敏实验曲线

2）水敏分析

分别对 Agadi-2 井样品 1 和样品 2 进行水敏分析，都采用矿化度为 1100mg/L、550mg/L 和 0mg/L 的模拟地层水、1/2 模拟地层水和蒸馏水进行实验，计算 2009.05~2009.17m 样品渗透率分别为 3.02mD、2.81mD 和 2.09mD；计算 2009.72~2010.00m 样品渗透率分别为 1.66mD、1.47mD 和 0.97mD，表明为中等偏弱水敏。

3）酸敏分析

Agadi-2 井样品 1 注酸前后渗透率发生明显变化，为强酸敏；样品 2 注酸前后渗透率也发生明显变化，为极强酸敏（表 1.6）。

表 1.6 Agadi-2 井酸敏性实验数据表

井号	层位	样品深度（m）	注入酸型	渗透率（mD）		注酸后与注酸前渗透率比值（%）	酸敏损害程度
				注酸前	注酸后		
Agadi-2	E1	2009.05~2009.17	15% 盐酸	23.29	13.59	58.35	强
Agadi-2	E1	2009.72~2010.00	15% 盐酸	74.17	29.23	39.41	极强

4）碱敏分析

对 Agadi-2 井样品 1 进行碱敏分析，随着注入液 pH 值增加，渗透率明显降低，由 pH 值为 7.0 时的 1.02mD，降至 pH 值为 13.0 时的 0.423mD（图 1.17）。表明为中等偏弱碱敏。

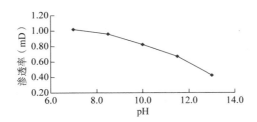

图 1.17 Agadi-2 井碱敏实验曲线

对 Agadi-2 井样品 2 进行碱敏分析，随着注入液 pH 值增加，渗透率明显降低，由 pH 值为 7.0 时的 28.93mD，降至 pH 值为 13.0 时的 15.95mD（图 1.18）。表明为中等偏弱碱敏。

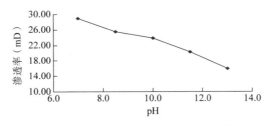

图 1.18 Agadi-2 井碱敏实验曲线

5）盐敏分析

分别对 Agadi-2 井样品 1 和样品 2 进行盐敏分析，都采用矿化度为 1100mg/L、825mg/L、550mg/L 和 0mg/L 的模拟地层水、3/4 模拟地层水、1/2 模拟地层水和蒸馏水进行实验，得到临界矿化度为 825mg/L。根据实验分析，Agadi-2 井为强酸敏、中等偏弱水敏的储层。

四、流体特征

1. PVT 物性分析

对 Agadem 区块共开展了 6 口井 /8 井次的 PVT 物性分析，实验数据表明，Agadem 区块属于未饱和油藏。大部分断块饱和压力低，大多数只有 1~3MPa，地饱压差较大，达到 12MPa 以上，气油比较低，只有 3~11m³/t，而且从一期 Sokor 断块生产实际情况来看，油井产气量很少，基本没有气，且没有出现井筒脱气现象。

气顶油藏饱和压力 13.11MPa，地饱压差 11.92MPa，气油比为 42m³/t。

大部分断块油品性质较好，地下原油黏度 3.46~8.79mPa·s，属于常规稀油，只有 Dibeilla N-3 井地下原油黏度 57.49mPa·s，属于普通稠油。

2. 油品分析

试油过程中对油层原油均进行了取样，并进行了 API 度、黏度等参数的化验。对 71 个断块中的 89 口井的 API 度、黏度等化验数据进行了统计分析，得出研究区原油具有如下特点：

（1）大部分断块原油 API 度在 22.3~31.1° API 之间，属于中质原油，中质原油储量占动用总储量的 75.6%。

（2）下组合 Yogou 油组油藏埋藏较深，原油性质较好，属于轻质油；上组合有 6 个断块为轻质原油，轻质油储量占动用总储量的 12.4%。

（3）Koulele CE-1、Koulele CN-1、Koulele SE-1、Dibeilla N-1、Fana SE-1 共 5 个断块的原油 API 度小于 22.3° API，API 度值在 18° API 左右，为重质油；5 个断块总储量 2.9533 × 10^8bbl，占动用总储量的 12%，所占比例较小。

（4）原油密度呈西轻东重的特征，位于盆地西边的 FGD、Dinga Deep 及 Abolo-Yogou 油田群油品要好于 Dibeilla、Koulele 油田群。

3. 水分析

通过对 5 个层位 9 个样品的地层水化验分析，得出地层水矿化度在 1106.66~2609.23mg/L 之间，矿化度较低。

4. 气分析

通过对 5 口井 8 个样品的天然气组分分析，成分中甲烷含量不高，均为湿气。其中，Sokor-1 井 E2 油组甲烷含量最高，为 88.61%，Sokor-1 井 E1 油组甲烷含量最低，为 65.62%；Dibeilla-1 井 E3 油组天然气中二氧化碳含量高，其余的天然气中二氧化碳含量中等。

第三节　油田井下作业概况

一、油田井下历年工作量情况

1. 试油作业情况

自 2008 年开始，中国石油尼日尔上游项目公司在 Agadem 油田开展勘探开发。截至 2020 年年底，尼日尔沙漠油田共计试油 176 口井、576 层（表 1.7）。

尼日尔沙漠油田获得总地质储量，包括 Agadem+Bilma+Tenere 区块原油 + 天然气，3P（证实储量、概算储量及潜在储量之和）+3C（潜在储量高估值方案）为 51.15×10^8 bbl 油当量；EV（油田重大开发建设依据储量）为 35.61×10^8 bbl 油当量；EV 可采为 9.23×10^8 bbl 油当量。其中，Agadem 区块地质储量（原油）：3P+3C 为 47.14×10^8 bbl 油当量；EV 为 33.26×10^8 bbl 油当量；EV 可采为 8.24×10^8 bbl 油当量。

表 1.7　试油井次及层数统计

年份	2008	2009	2010	2011	2012	2013	2014	2015	2016	2017	2018	2019	2020
井数（口）	2	13	36	16	30	33	31	0	4	5	0	3	3
层数（层）	9	67	128	55	89	98	78	0	14	15	0	11	12

2. 修井作业情况

截至 2020 年年底，尼日尔沙漠油田共完成修井作业 85 井次（表 1.8）。其中，补孔改层作业 14 井次、分层采油作业 3 井次、检泵作业 60 井次、卡堵水作业 2 井次、油井转注水作业 5 井次、油井转气井作业 1 井次。

表 1.8　修井统计数据表

年份	2012	2013	2014	2015	2016	2017	2018	2019	2020
检泵（井次）	8	7	20	2	6	2	5	7	3
补孔改层（井次）				2		3	4	5	
转注水（井次）					2	2	1		

续表

年份	2012	2013	2014	2015	2016	2017	2018	2019	2020
分层采油（井次）					2	1			
油井转气井（井次）						1			
卡堵水（井次）							2		

截至 2020 年年底，尼日尔沙漠油田累计完成新井射孔、下泵投产作业 81 井次（表 1.9）。

表 1.9　新井投产统计数据表

年份	2011	2012	2013	2014	2015	2016	2017	2018	2019	2020
新井投产（井次）	20	4	4	8	18	0	5	2	10	10

二、油田井下作业面临困难与挑战

尼日尔沙漠油田属于典型的沙漠断块油气田，面临地层坍塌压力高，压力系数低，浅层油气层易出砂，内陆运输成本高，物资供应周期长等困难，给试油、修完井作业带来挑战，具体表现为以下五点：

1. 作业点多

作业量大、设备多，高峰期 8 部钻机与 3 部修井机同时开展钻修井作业，对作业计划及作业现场管理提出挑战。

2. 运输线长

尼日尔沙漠油田作业区南北长约 350km，东西宽约 100km，井位分散，沙漠油气运输极其困难，成本高昂。

Agadem 油田处于沙漠腹地，降雨量小，风沙大，地面植被稀少，地表沙质松软，地面沙丘起伏，在运输过程中对车辆的损耗特别大，轮胎磨损严重，易陷入沙地，所需车辆动力扭矩很大，且风沙天气影响发动机效率，这些都给油气运输带来了极大的困难（图 1.19）。

图 1.19　Agadem 油田运输情况

3. 工作面广

尼日尔沙漠油田作业部即现场钻修井、试油完井、地面井场建设、油田运输等作业的归口主管部门，通过 4 大类别 18 项合同管理包括长城钻探、沙漠运输公司等 13 家承包商，同时又要协调配合项目内部油藏开发、生产、地面工程等部门开展工作，发挥着尼日尔沙漠油田勘探开发承上启下的作用。

4. 工作复杂

尼日尔沙漠油田作业部既要应对油田钻修井日常技术及管理工作，又要承担好 HSSE 属地责任，确保现场人员健康、安全、环保和安保管理职责落实到位。

5. 物资困难

尼日尔地处非洲内陆，社会依托差，几乎所有物资均需要进口。承包商部分设备在恶劣的自然环境下已运行十几年，由于缺乏配件，设备维修保养困难，设备陈旧老化严重。

第二章　Agadem 油田作业装备及能力

油田整体作业水平很大程度上由油田作业队伍、作业装备及能力决定，同时作业能力也要与作业量相匹配，只有合理的设备和人员配备，才能让动用率达到最优，为油田开发和生产提供优质的服务。

本章第一节首先对 Agadem 油田井下作业能力做一整体介绍，包括队伍、人员、设备的整体概况。第二节和第三节主要介绍应对沙漠油田特殊作业环境而自主创新设计的自走式沙漠修井机和配套作业钻台，包括修井机和钻台的设计结构、优缺点分析等。第四节是对 Agadem 油田现场修井作业能力的详细分析，主要列举了油田现场拥有的修井工具和能够完成的具体作业项目。第五节介绍尼日尔沙漠油田现场井控装备和设备操作细则。

第一节　油田现场井下作业能力概述

Agadem 油田现场共有修井作业队伍 3 支，每支队伍现配备中方人员 13 名，尼日尔籍本地雇员 34 名，人员配置满足各类井型的施工要求。

主要设备为 SXJ550Z 沙漠自走修井机、J119/32–W 型井架、QZB40–17 撬装泵、SXJ550Z 车装钻机捞砂滚筒。井架高度 32m，最大修井深度可达 5500m，大修深度可达 4500m，最大提升载荷 1500kN。

井队配有管类打捞工具 5 大类 19 件、适用于 $9\frac{5}{8}$in、7in、$5\frac{1}{2}$in 套管内的缆绳类打捞工具 6 件、钻磨类工具 15 件、各型号套管修复类工具 3 件等井筒处理工具，可满足油气水井大修、中修、小修等作业。

主要承担的任务有：

（1）新井完井、射孔作业；

（2）试油、试采作业；

（3）油井检泵作业；

（4）注水井作业；

（5）油水井解卡打捞作业；

（6）老井生产层封堵、二次射孔、冲砂、洗井等措施作业。

第二节 自走式沙漠修井机

Agadem 油田勘探开发初期使用常规 XJ450 型修井机，每次作业完毕搬家前现场需要土建修筑码头用于载车装卸，且需要 50t 车辆用于载车和井架的运输；此外，修井机搬家前后均须拆、装井架，效率较低，搬家周期长，成本高昂。在此背景下，通过现场反复论证，适用于沙漠地区的自走式修井机应运而生。

自走式沙漠修井机是双横臂双扭杆独立悬架结构，结构简单、减振性能好、寿命长、免维护，宽断面超低压越野沙漠两用轮胎使其最高车速提升至 45km/h。节省了搬家时推土机土建码头及卡车背运的工序，提高了搬家时效，作业周期大幅压缩。

一、修井机概述

尼日尔沙漠油田使用的沙漠修井机型号为 XJ550S 型。其中，XJ 表示修井机代号；550 表示绞车功率 550hp；S 表示双滚筒。

XJ550S 型沙漠修井机是以柴油机作为动力的一种自走式修井机。其主要用来完成各种修井任务，如油井完钻后的试油求产、分层采油以及处理生产井中检泵、造扣、解卡、拔脱打捞、套铣等起下及旋转作业。修井机主要通过绞车系统提升油管、钻杆、钻具，通过转盘旋转系统完成旋转钻进作业。修井机在环境温度 –29~50℃、湿度 ≤ 90% 条件下能正常工作。适用于平原、田野、丘陵、山区、高原、灌木丛、次森林、沙漠、沼泽地、水网地带及冰雪地面。符合 HSE 要求，在防爆、防渗漏、防腐、防潮、防寒、防沙、耐高温等方面具有很高的适应性。

二、自走式修井机结构

1. 自走式底盘

（1）双横臂双扭杆独立悬架结构，具有结构简单、减振性能好、寿命长、免维护的特点；

（2）断开式驱动桥及差速器；

（3）宽断面超低压越野沙漠两用轮胎；

（4）轮胎中央充放气系统；

（5）前后桥双液压助力转向；

（6）平头单座驾驶室。

2. 井架

（1）自紧绷绳结构；

（2）双节伸缩式∏形井架，液压起落伸缩，设置双重安全保护，操作安全、方便；

（3）井架经过 7 种组合工况下的计算机有限元分析，强度、刚度和稳定性满足钻井作业要求；

（4）井架体经过喷抛丸处理后，表面硬度、油漆附着力及防腐性能提高。

3. 动力传动系统

（1）采用 CAT 发动机和 ALLISON 液力传动箱，功率强劲，传动平稳；

（2）发动机油门采用远程气控方式；

（3）转盘传动装置具有五正二倒挡位，配有防反转刹车。

4. 绞车系统

（1）绞车系统采用双滚筒形式；

（2）主滚筒采用里巴斯绳槽，排绳整齐；

（3）离合器为气囊推盘式；

（4）主滚筒刹车采用带式刹车，刹车毂采用强制循环水冷却，辅助刹车采用气控水冷盘式刹车。

5. 电、气、液路系统

（1）电、气、液路系统集中控制，操作方便；

（2）主要电、气、液元件采用进口件，质量可靠；

（3）作业照明有防爆、防漏电功能，线路采用钢管保护。

三、主要技术参数

1. 整机性能参数

自走式沙漠修井机性能参数见表 2.1。大钩和转盘参数如图 2.1、图 2.2 所示。

表 2.1　自走式沙漠修井机性能参数

参数	数值
小修深度（m）	5000（$2\frac{7}{8}$in 外加厚油管）
大修深度（m）	4000（$2\frac{7}{8}$in 钻杆）
	3200（$3\frac{1}{2}$in 钻杆）
公称钩载（kN）	1000

续表

参数	数值
最大静钩载（kN）	1350
发动机型号	CAT C18
发动机功率（hp）	630
绞车输入功率（hp）	550
井架高度（净高）(m)	35
二层台高度（距钻台面）(m)	17.2
游动系统绳系	4×5
钢丝绳直径（mm）	ϕ26
钻台高度（m）	5
转盘开口直径（mm）	ϕ444.5
底盘驱动形式	12×10
最高车速（km/h）	45
轴距（mm）	2200+2600+2000+2200+2200
轮距（mm）	2410
接近角（°）	20
离去角（°）	26
最小转弯半径（m）	15
最大爬坡度（%）	40
最小离地间隙（mm）	400
轮胎型号	1500×（600~635）
移运状态外形尺寸（长×宽×高）(m×m×m)	21.2×3.2×4.6
移运状态时总重量（kg）	70000
环境温度（℃）	−29~50

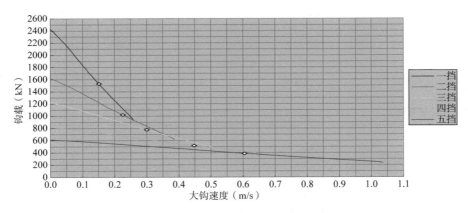

图 2.1 大钩负荷特性

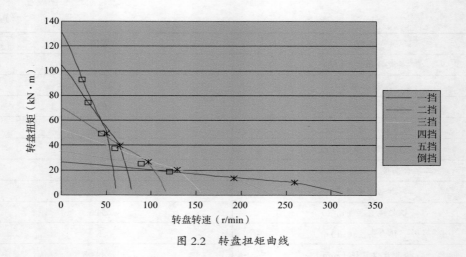

图 2.2　转盘扭矩曲线

2. 整体布置和传动系统

XJ550S 自走式沙漠修井机采用 1 台柴油机和 1 台液力传动箱驱动，行驶和作业共用 1 套动力系统。动力由柴油机、液力传动箱传给分动箱，第一路经万向轴传给角传动箱后通过链条传动驱动绞车的捞砂滚筒、主滚筒，完成修井机的起下作业；第二路经传动轴传给转盘传动箱，再经传动轴、爬坡链条箱驱动转盘，实现修井机旋转作业；第三路经万向轴传给前、后驱动桥，实现修井机的行驶。车上动力和底盘动力靠设置在分动箱上的操作手柄来控制，可保证车上作业和底盘行驶不同时使用。

3. 与普通修井机对标

沙漠修井机与普通修井机的主要区别在于底盘及驱动形式不同，具体对标参数见表 2.2。

表 2.2　沙漠修井机与普通修井机对比

序号	两型修井机区别部分	沙漠型修井机	普通修井机	沙漠型修井机优势
1	底盘	军工底盘	普通底盘	地层适应能力强
2	驱动形式	12×10	10×8	五桥驱动，爬坡能力强，可自行驶出松软沙地
3	轮胎	沙漠宽胎	普通公路窄胎	与地面接触面积大，抓地性能好，不易造成车辆陷入松软沙地
4	适应性	沙漠中自行走转运	沙漠中无法自行走转运	沙漠中具备自行走能力

四、操作规范

1. 作业前检查及要求

（1）各滑轮必须转动灵活，以用手能够自由盘动滑轮为合格；当转动任一滑轮时，相邻滑轮不得随着转动。

（2）检查绞车和天车自动润滑系统，油罐润滑油应足够，电路畅通，控制器设定参数合适，油管无泄漏（不配绞车和天车自动润滑系统的修井机无此条）。

（3）检查滑轮，轮槽无严重磨损或偏磨。

（4）各固定螺栓无松动，各支座无裂纹，各护罩无渗漏。

（5）检查大绳，无断股、断丝等现象。

（6）检查各部绷绳的张紧度，应符合要求，无断股、断丝等现象。

（7）检查司钻控制台各气动控制阀、液压控制阀动作灵活、无泄漏。

（8）检查各气动控制管路完好、无泄漏；主滚筒轴两端的气动旋转接头和双路水旋转接头转动灵活，管路畅通、无泄漏；捞砂滚筒气动旋转接头转动灵活，管路畅通、无泄漏（单滚筒修井机无此条）。

（9）各压力表指示准确、灵敏，气压表压力 0.75~0.85MPa。

（10）检查仪表箱，各表指示准确、灵敏；当游车大钩无负荷悬停时，指重表指针应指 30kN。

（11）检查刹车片，磨损的剩余厚度不得小于 15mm。刹车片与刹车鼓周边间隙 4.5~5mm。

（12）检查刹车机构，应灵活、可靠，调整刹把高度，在水平夹角 40°~50° 之间应能可靠地刹住滚筒。

（13）检查冷却水系统，主滚筒和盘式刹车的循环水管路连接正确，循环水泵、冷却器电机工作正常，循环水回路畅通，水箱液面高度正确；捞砂滚筒喷水冷却水管路连接正确，回路畅通，压力水箱有足够的水或冷却液，气压表压力 0.2~0.3MPa（单滚筒修井机无此条）。

（14）防碰天车机构试动作。操作主滚筒，在大钩提升过程中，人为搬动防碰天车过卷阀碰杆，大钩应紧急制动，各部动作准确无误。

2. 作业时操作规范

1）启动和停止操作规范

在驾驶室和司控箱上均安装有电门钥匙开关，左、右各一台发动机，设有停车、运行和启动装置。启动柴油机前，插进钥匙，顺时针旋转到运行位，然后再顺时针旋转 45°，柴油机启动后，应立即松开手，钥匙自动回到运行位；启动/熄火开关设有防止无间隔连续功能，当启动柴油机没有成功，再次启动时，钥匙已不能顺时针旋转，必须逆时针旋转 45°后，回到运行位，才能再次顺时针旋转启动柴油机。柴油机熄火，逆时针旋转 45°，熄火后松开手，钥匙自动回到运行位。紧急情况下，直接按发动机紧急熄火按钮，发动机熄火。

2）提升系统操作规范

提升系统由绞车、天车、游车大钩、钢丝绳等组成，主要功能是完成起下钻具、下套管、钻进送钻、提取岩心筒和试油等工作。

（1）挡位选择。

起下钻时，应依照大钩负荷曲线图，根据大钩负荷合理选择单机或双机工作、变速箱挡位和起升速度，在提高作业效率的同时，确保设备安全运转；换挡时，大钩应无负荷，发动机怠速运转；正常作业中，变速箱二挡、三挡、四挡为提升工作挡，一挡用于处理井下事故，五挡用于提升空钩。

（2）发动机油门操作。

油门的开度大小控制主车发动机转速的快慢，最终控制大钩提升速度的快慢。在司钻台上有两处油门控制气阀，分别为手油门阀和脚踏油门阀（踏板调压阀）。手油门阀为手轮式控制气阀，安装在司钻控制箱上，在提升操作时，控制发动机怠速转速；踏板调压阀，安装在脚踏板上，在提升操作时，控制发动机工作转速。在操作发动机油门时，应平稳加速，不得粗暴地猛踩油门，防止损坏发动机。

（3）主滚筒组合阀操作。

主滚筒组合阀手柄功能如下：

①手柄上位：游车大钩提升；

②手柄中位：游车大钩降落；

③手柄下位：辅助刹车制动，游车大钩减速降落。

主滚筒组合阀，控制主滚筒离合及辅助刹车离合，三位手柄调压阀，手柄中位时为空挡，离合器和辅助刹车均脱离，主滚筒呈自由状态，大钩在自重和钻具重力的作用下降落；手柄上位，控制主滚筒结合，手柄在旋转10°时离合器结合，继续向上旋转加大手柄开度，逐渐增大控制气体压力，加大离合器结合扭矩，使主滚筒启动并柔和旋转；手柄下位，控制辅助刹车工作，旋转10°辅助刹车离合器结合，继续向下旋转加大手柄开度，逐渐增大控制气体压力，加大结合扭矩，使辅助刹车制动力逐渐加大。

（4）刹把操作。

手动机械刹把，经杠杆传递机构，增大作用力，推动曲拐拉动刹带活动端，围抱刹车鼓，使主滚筒减速或停止，达到调节钻压、送进钻具、控制下钻速度和悬停钻具的目的。刹把座上带有棘爪锁紧机构，打下棘爪，压紧刹把后，可自动锁定，以减轻司钻工作强度；压下刹把，打开棘爪，缓慢松开刹把，解除主滚筒制动。司钻操作刹把时，应同时协调发动机油门和主滚筒组合阀的操作，使起下钻动作平稳。操作程序如下：

起钻，右手不离刹把，左手不离主滚筒组合阀手柄。起钻时，左手向上推动主滚筒组合阀手柄，结合主滚筒离合器；右脚平稳踩下油门踏板，逐步提高发动机转速，主滚筒开始旋转，同时右手适时放松刹把，游车大钩缓慢上升，当大钩缓冲弹簧被压缩后，加大油门，控制发动机转速 1200~1800r/min，大钩上升起钻；当大钩提升到上止点前，应降低上升速度，做好刹车准备；刹车时，左手控制主滚筒组合阀手柄回中位，主滚筒离合器脱离；右脚平稳抬起油门踏板，逐步降低发动机转速，同时右手适时压紧刹把，游车大钩缓慢停止。

下钻，右手不离刹把，左手不离主滚筒组合阀手柄。下钻时，左手控制主滚筒组合阀手柄到中位，主滚筒离合器脱离；同时，右手适时放松刹把，控制游车大钩下降速度；当要使用辅助刹车时，左手向下拉动主滚筒组合阀手柄，辅助刹车结合，配合刹把降低大钩下行速度。钻柱接头过转盘时要点刹，单根余 3~4m 时，减慢下放速度，逐步压紧刹把，使吊卡平稳坐落在转盘上。

3）旋转系统操作规范

旋转系统主要包括转盘和水龙头两大部分，作用是在钻具不断进给和注入钻井液的条件下，保证钻具的正常旋转。水龙头既属于旋转系统设备，又是循环系统中的一个部件。在钻进时，悬挂并承受钻柱的全部重量，将旋转的钻柱与不旋转的游车大钩、水龙带连接起来，构成钻井液循环通道。转盘在旋转钻井中传递扭矩，带动钻具旋转钻进；在起下钻过程中，悬持钻具；在井下动力钻井中，承受螺杆钻具的反向扭矩；在处理井下事故中，用于倒扣、套铣等作业。

（1）挂合转盘动力。

在转盘工作前，应先挂合转盘动力，在分动箱处有"转盘动力"操作手柄，有"合""离"两个位置。手柄置于"合"位，发动机动力传递给转盘传动系统；手柄置于"离"位，切断转盘传动系统动力。

（2）挡位选择。

应依照转盘负荷曲线图，根据负荷大小合理选择变速箱挡位和转盘速度，在提高作业效率的同时，确保设备安全运转；换挡时，转盘应无负荷，发动机怠速运转。

（3）发动机油门操作。

控制转盘转速时，使用手油门阀。手轮调压阀，控制发动机油门，用于精确调整发动机转速，能够准确控制转盘转速。

（4）转盘组合阀操作。

转盘组合阀手柄功能如下：

①手柄上位：转盘旋转。

②手柄中位：转盘离合器和刹车均脱离。

③手柄下位：转盘刹车。

转盘组合阀，控制转盘离合器及转盘刹车。三位手柄调压阀，中位空挡，离合器和刹车均脱离，转盘呈自由状态；手柄向上方旋转，控制转盘离合器，在手柄旋转 10°时离合器结合，继续向上旋转增加手柄开度，逐渐加大控制气体压力，加大离合器结合扭矩，使转盘旋转并柔和启动；手柄向下方旋转，控制刹车工作，旋转 10° 刹车离合器结合，继续向下旋转增加手柄开度，逐渐加大控制气体压力，加大结合扭矩，使刹车制动力逐渐加大，将转盘刹紧，防止反转。

第三节　配套作业钻台

由于大钻台底部占地面积较大，在沙漠油田已投产井、丛式井等井口间距比较狭窄的作业环境下施工困难，搬家及安装时间较长，降低了作业整体时效。针对此问题，尼日尔沙漠油田设计建造了沙漠修井机及配套作业钻台（图 2.3）。配套作业钻台投入使用后，能够替代大钻台满足油田常规试油和修完井作业要求，在安装自封井口的条件下，可以实现全工况的作业需求。使用配套作业钻台，方便安装和拆甩防喷器；正常施工时，实现起下立柱作业，接、甩单根时，可以把单根直接放在坡道上操作，跟大钻台相比，能够节省 30% 的工序作业时间。此外，搬家不再需要另外配备 50t 卡车，整体搬家费用得到大幅压缩。

图 2.3　自走式修井机和配套钻台

配套作业钻台高 1.75~3.50m，长 3.38m，宽 2.45m；立根盒高 1.22m，立根盒尺寸为 3.55m × 2.60m；二层平台原高度为 22.20m，调整后高度为 18.48m；司钻操作台踏板调整后距离地面最低高度为 3.40m，两侧安装逃生滑道和梯子。

相比较大钻台，配套作业钻台存在功能上的不足，结合现场实际情况，考虑施工时增加以下保护措施：

（1）对立根盒增设护栏和梯子，方便操作人员上下立根盒并得到有效保护。

（2）对配套作业钻台的两根支撑立柱在立根盒上的支撑点添加限位装置，防止立柱下部移动，造成简易钻台失稳。

（3）从二层平台两个外角增加两根垂吊钢丝绳与简易钻台两个外角连接，这样能跟简易钻台支撑立柱一起起到平稳配套作业钻台的双重保护功效。

（4）在环形防喷器的上平面加装保护钢板，在保护环形防喷器的同时，起到简易井口的作用，可以满足起下大直径工具时，使用三瓣或者多瓣卡瓦的需求，确保施工安全。

（5）对配套作业钻台网状踏板增加角铁支撑，提高踏板强度。

（6）对配套作业钻台司钻一侧踏板进行加宽，使之与司钻操作踏板宽度相同，同时在过渡地带增加连接踏板，提高司钻踏板和配套作业钻台之间过渡通道的畅通性。

（7）由于配套作业钻台照明灯距离井口太近，夜间施工蚊虫较多，影响井口操作人员的施工安全，因此加装了一套辅助照明设施，必要时关闭井架灯，使用辅助照明灯。

（8）加长压井节流管汇内控管线的长度。

（9）配套作业钻台大门增设安全链（图 2.4）。

图 2.4 自走式修井机配套钻台

配备配套作业钻台的自走式修井机，一次井场设备搬家减少运输车辆 3 辆，每次搬家无须拆卸井架、钻台等结构部件，节约搬家运输时间及装车和拆装时间 12h，成本节约效果显著。

第四节　修井工具

尼日尔 Agadem 油田现场井队配有管类打捞工具 5 大类 19 件、适用于 $9\frac{5}{8}$in、7in 和 $5\frac{1}{2}$in 套管内的缆绳类打捞工具 6 件、钻磨类工具 15 件、各型号套管修复类工具 3 件等井筒处理工具（表 2.3），可满足油气水井的大修、中修、小修等作业。

表 2.3　修井工具统计表

序号	名称	使用范围	性能参数	
1	可退式捞矛	打捞范围：95.2~102.3mm	许用拉力：1078kN	卡瓦窜动：10mm
2		打捞范围：54.6~62mm	许用拉力：535kN	卡瓦窜动：7.7mm
3		打捞范围：84.8~90.1mm	许用拉力：1078kN	卡瓦窜动：10mm
4	滑块捞矛	打捞范围：52.6~64mm	许用拉力：781kN	
5		打捞范围：77.6~92.1mm	许用拉力：1147kN	
6		打捞范围：90~102.5mm	许用拉力：2246kN	
7		打捞范围：103~117.8mm	许用拉力：2746kN	
8	可退式卡瓦捞筒	打捞范围：53~62mm	许用拉力：1200kN	
9		打捞范围：63~79mm	许用拉力：1200kN	
10		打捞范围：81~90mm	许用拉力：1000kN	
11		打捞范围：93~105mm	许用拉力：1460kN	
12	母锥	打捞 $4\frac{3}{4}$in 钻铤	抗拉极限：> 932MPa	冲击韧性：58.8 J/cm²
13		打捞 $4\frac{1}{2}$in 油管		
14		打捞 $3\frac{1}{2}$in 油管		
15		打捞 $2\frac{7}{8}$in 钻杆、油管		
16	公锥	打捞范围：39~67mm	抗拉极限：> 932MPa	冲击韧性：58.8 J/cm²
17		打捞范围：54~77mm		
18		打捞范围：72~90mm		
19		打捞范围：88~103mm		
20	缆绳打捞器（外钩）	适用 $5\frac{1}{2}$in 套管	外径 × 长度：110mm × 650mm	
21		适用 7in 套管	外径 × 长度：210mm × 800mm	
22		适用 $9\frac{5}{8}$in 套管	外径 × 长度：150mm × 700mm	
23	缆绳打捞器（内钩）	适用 $5\frac{1}{2}$in 套管	外径 × 长度：110mm × 650mm	
24		适用 7in 套管	外径 × 长度：150mm × 700mm	
25		适用 $9\frac{5}{8}$in 套管	外径 × 长度：210mm × 800mm	

续表

序号	名称	使用范围	性能参数	
26		适用 $5\frac{1}{2}$in 套管	吸力：5500~17000N	
27	反循环磁力打捞器	适用 7in 套管	吸力：2200~9500N	
28		适用 $9\frac{5}{8}$ 套管	吸力：6200~21000N	
29		$5\frac{1}{2}$in 套管	外径 × 长度：118mm×250mm	
30	铅印	7in 套管	外径 × 长度：154mm×250mm	
31		$9\frac{5}{8}$in 套管	外径 × 长度：215mm×300mm	
32		$5\frac{1}{2}$in 套管	外径 × 长度：102mm×4.52m	
33	螺杆	7in 套管	外径 × 长度：120mm×5.70m	
34		$9\frac{5}{8}$in 套管	外径 × 长度：165mm×8.50m	
35	捞砂桶	适用 $5\frac{1}{2}$in 套管	外径 × 长度：114mm×5m	
36		适用 7in 套管	外径 × 长度：139.7mm×9m	
37	钻杆	$2\frac{7}{8}$in	钢级：G105	
38		$3\frac{1}{2}$in	钢级：G105	
39	钻铤	105mm	内径：50.8mm	
40		120mm	内径：57.15mm	
41		$5\frac{1}{2}$in 套管	外径 × 长度：118mm×200mm	
42	钻头	7in 套管	外径 × 长度：152mm×230mm	
43		$9\frac{5}{8}$in 套管	外径 × 长度：215.9mm×300m	
44	自封头	适用 $3\frac{1}{2}$in 油管 & $2\frac{7}{8}$in 油管		
45		适用 $5\frac{1}{2}$in 套管	落物最大外径：75mm	
46	打捞篮	适用 7in 套管	落物最大外径：110mm	
47		适用 $9\frac{5}{8}$in 套管	落物最大外径：165mm	
48		适用 $5\frac{1}{2}$in 套管	窗口排数：2	窗舌数：6
49	开窗捞筒	适用 7in 套管	窗口排数：3~4	窗舌数：9~16
50		适用 $9\frac{5}{8}$in 套管	窗口排数：3~4	窗舌数：9~16
51		适用 $5\frac{1}{2}$in 套管	落物最大外径：75mm	
52	反循环打捞篮	适用 7in 套管	落物最大外径：110mm	
53		适用 $9\frac{5}{8}$in 套管	落物最大外径：165mm	
54		适用 $5\frac{1}{2}$in 套管	吸力：5500~17000 N	
55	磁力打捞器	适用 7in 套管	吸力：2200~9500 N	
56		适用 $9\frac{5}{8}$in 套管	吸力：6200~21000 N	
57		适用 $5\frac{1}{2}$in 套管	最大磨削直径分段（mm）：116、117、118、119、120、121、122、123、124	
58	磨鞋	适用 7in 套管	最大磨削直径分段（mm）：152、153、154、155、156、157、158、159	
59		适用 $9\frac{5}{8}$in 套管	最大磨削直径分段（mm）：207、208、209、210、211、212、213、214	

一、打捞工具

1. 井下打捞工具选择

在选择井下打捞工具时，应注意：

（1）在下井过程中，防止工作部件的磨损。

（2）防止堵塞水眼。

（3）选择的工具接头及配合接头的最大外径与被打捞物的外径基本一致，这样有利于抓捞落物。

（4）在水平井中，应优先选择可退式打捞工具，从而保证井下落物遇卡时可以顺利退出打捞管柱，避免井下事故扩大。

2. 管类打捞工具

包括公锥、母锥、滑块卡瓦打捞矛、水力捞矛、接箍捞矛、可退式打捞矛、可退式打捞筒、短鱼顶打捞筒、抽油杆打捞筒、组合式抽油杆打捞筒、黄泥打捞筒、磁力打捞筒、开窗打捞筒、弹簧打捞筒、引鞋等。

1）公锥

为在 ϕ139.7mm 套管内从内孔造扣打捞直径 54~77mm 落物的工具，长锥形整体结构，分接头和公锥两部分（图 2.5）。

工作原理：公锥进入落物内孔，适当加钻压，并转动钻具，使公锥挤压吃入落鱼内壁进行造扣。当所造之扣能承受一定的拉力和扭矩时，可上提或倒扣将落物全部或部分捞出。

操作方法：选择好工具，下至鱼顶上部 1~2m 时，开泵冲洗，缓慢下至鱼顶，观察泵压。如泵压上升，指重下降，公锥入鱼，可以造扣打捞。如悬重下降而泵压无变化，应上提钻柱并转动，重对鱼腔，悬重与泵压均有变化才能加压造扣打捞。鱼腔畅通，应加扶正找中接头或引鞋，以防造扣位置错误，造成事故。

注意事项：打捞时不许猛顿鱼顶，以防鱼顶或公锥损坏。注意判断造扣位置，切忌在落鱼外壁与套管内的环空造扣，以防造成严重后果。

2）母锥

为在 ϕ114.3mm 套管内从外壁造扣打捞 ϕ73mm 油管或 ϕ50mm 钻杆管状落物的工具，长筒形整体结构，由接头与本体构成。本体内锥面上有母锥（图 2.6）。

图 2.5　公锥

工作原理：落鱼进入母锥，加适当钻压和扭矩，迫使母锥吃入落鱼外壁，当所造螺纹能承受一定拉力和扭矩时，可采用上提或倒扣的办法将落物全部或部分捞出。

操作方法：选择、检查好工具，核对落鱼尺寸。当下至鱼顶上部 1~2m 时，开泵冲洗，缓慢下至鱼顶，观察泵压。泵压上升，指重下降，落鱼进入，可以造扣打捞。

注意事项：打捞时不许猛顿鱼顶，以防鱼顶或母锥被顿坏。工具尺寸大，存在卡钻的危险，井下情况较复杂时，应小心选用。

3）滑块卡瓦打捞矛

打捞内径为 52.6~64mm 且具有内孔的落物，可倒扣或配合其他工具使用。由上接头、矛杆、卡瓦、锁块及螺钉组成（图 2.7）。

工作原理：当矛杆与卡瓦进入鱼腔，卡瓦下滑与斜面产生位移，打捞尺寸加大，接触鱼腔内壁。上提矛杆，斜面向上运动产生径向分力，使卡瓦咬入落物内壁，抓住落物。

图 2.6 母锥

操作方法：当工具下至距鱼顶 1~1.5m 时，记住悬重并缓慢下放，若碰鱼方入遇阻，将钻具旋转不同角度，待工具进入鱼腔后，缓慢上提钻具，抓住落物，若悬重增加，则捞获提钻。如遇卡且经活动等措施仍不能解卡，可采取倒扣措施，倒扣方法同上。

注意事项：当落鱼较重或遇卡时，加接合适引鞋，防卡瓦胀破或撕裂鱼顶。

图 2.7 滑块卡瓦打捞矛

4）水力捞矛

水力捞矛与滑块式捞矛工作原理基本相同。

操作方法：当工具下放至距鱼顶 1~2m 时，边旋转边下放钻具至打捞方入，开泵憋压，待泵压上升到一定值不变时，缓慢转动钻具，若悬重增加即可提钻，若因井深、落物重量轻而难以判断时，可重复上述操作打捞 3~4 次后提钻，如遇卡且经活动等措施仍不能解卡，可采取倒扣措施，倒扣方法同上。

图 2.8 可退式打捞矛

5）可退式打捞矛

从鱼腔内孔打捞内径为 54.6~62mm 管类落物的工具。可与其他工具组合使用。它由芯轴、圆卡瓦、释放环、引鞋组成（图 2.8）。

工作原理：在钻压作用下捞矛进入鱼腔，卡瓦被压缩产生外胀力，卡瓦紧贴落物内壁，上提时，心轴、卡瓦上的锯齿螺纹相互吻合，卡瓦产生径向力，咬住落鱼实现打捞。当落鱼卡死时，下击芯轴，使圆卡瓦与芯轴的内外锯齿形螺纹脱开，再正转钻具 2~3 圈（深井可多转几圈），使圆卡瓦沿芯轴锯齿形螺纹向下运动，与释放环上端面接触，上提钻具，即可退出。

操作方法：当工具下至距鱼顶 1~2m 时，边冲洗边旋转边缓慢下放，待悬重稍有下降显示时，根据打捞钻具组合扣型向相反方向旋转钻具 1~2 圈（视具体情况可多转几圈），缓慢上提钻具，若悬重增加，则提钻，如遇卡且采取活动、憋压、旋转等措施仍不能解卡须退出工具，用钻具下击，按与打捞钻具组合扣型相同方向旋转钻具 2~3 圈，同时缓慢上提，即可退出。

6）可退式打捞筒

可退式打捞筒的特点是卡瓦与被打捞的落鱼接触面积大，打捞成功率高，且不容易损坏鱼头，在捞住后上提不动的情况下容易脱手，其外形结构如图 2.9 所示。

图 2.9 可退式打捞筒

操作方法：当工具下至距鱼顶 1~2m 时，边冲洗边旋转边缓慢下放，待悬重稍有下降显示时，根据打捞钻具组合扣型向相反方向旋转钻具 1~2 圈（视具体情况可多转几圈），缓慢上提钻具，若悬重增加，则提钻，如遇卡且采取活动、憋压、旋转等措施仍不能解卡须退出工具，用钻具下击，按与打捞钻具组合扣型相同方向旋转钻具 2~3 圈，同时缓慢上提，即可退出。

7）油管接箍捞矛

在 ϕ139.7mm 或 ϕ168.27mm 套管内打捞鱼顶为 89mm 接箍的工具。由上接头、锁紧螺母、导向螺钉、芯轴、卡瓦、冲砂管组成（图 2.10）。

图 2.10　油管接箍捞矛

操作方法：当工具下放至距鱼顶 1~2m 时，开泵边旋转下放边循环，待悬重下降 10~20kN，泵压升高，缓慢上提钻具，若悬重增加即捞获，可提钻，如遇卡且经活动等措施仍不能解卡，可采取倒扣措施，倒扣方法同上。

注意事项：被捞接箍必须完好。出井后，反转卡瓦可退出工具。

8）开窗打捞筒

开窗打捞筒是通过实践被发明出来的一种打捞工具，专门用于打捞较短的落物或小部件，制造和操作方法简单。

操作方法：当工具下放至距鱼顶 2~3m 时，开泵循环冲洗，缓慢下放钻具至打捞方入，待悬重下降 20~50kN 时，可缓慢上提钻具，若悬重增加表示捞获，即可提钻，若因井深、落物长度较短及重量轻而悬重难以判断时，可上提钻具 1~2m 再重复上述操作打捞 3~4 次，超过碰鱼方入，下放遇阻即可提钻，如遇卡可采取大力活动等措施解卡，退出打捞。

3. 杆类打捞工具

尼日尔沙漠油田常用的杆类打捞工具为三球打捞器。

三球打捞器用于在 ϕ139.7mm 套管内打捞外径为 16mm、19mm 抽油杆接箍或相应加厚台阶部位的工具，由筒体、钢球、引鞋组成。

工作原理：靠 3 个球在斜孔中位置的变化来改变 3 个球公共内切圆直径的大小，允许抽油杆台阶和接箍向上通过。带接箍或台阶的抽油杆进入引鞋后，推动钢球沿斜孔上升，3 个球形成的内切圆逐渐增大。待接箍或台阶通过后，3 个球沿斜孔下落，停靠在抽油杆本体上。上提钻具，台阶或接箍因尺寸较大无法通过而压在 3 个球上，在斜孔作用下 3 个钢球给落物以径向夹紧力，从而抓住落鱼。

4. 绳类落物打捞工具

油田现场应用最多的绳类打捞器为外钩。

外钩用于在 $\phi 139.7\text{mm}$ 套管内打捞井内脱落的电缆、钢丝绳、录井钢丝（清蜡钢丝）等，由接头、钩杆、钩齿组成（图 2.11）。

图 2.11　外钩

图 2.12　内钩

工作原理：靠钩体插入绳类、缆类的内部，用钩齿挂捞绳类、缆类，旋转管柱，形成缠绕，实现打捞。

作业程序：

（1）选择合适的外钩，注意防卡圆盘外径与套管内径之间的间隙不小于被打捞绳类落物的直径。

（2）将工具下至落鱼以上 1~2m 时，记录钻具悬重。

（3）缓慢下放钻具，使钩体插入落鱼内同时旋转钻具，注意悬重下降不超过 20kN。

（4）当鱼顶深度不清时，下入工具不能一下插入落物太深，以免将处于井壁盘旋状态中的落物压成团，造成打捞困难。

（5）上提钻具，若悬重上升，则已钩捞住落鱼，否则转动管柱重复下放打捞，直至捞获成功。

（6）如果确定已经捞上，可以边上提边旋转 3~5 圈，让落物牢牢地缠绕在外钩上。

图 2.12 为尼日尔沙漠油田现场应用的内钩图。

5. 小件落物打捞工具

针对小件落物打捞，尼日尔沙漠油田现场配备有反循环打捞篮、局部反循环打捞篮、磁力打捞器、随钻打捞杯、一把抓等系列工具。

1）局部反循环打捞篮

为在 ϕ139.7mm 套管内打捞井底直径小于 74mm 且重量较轻的散碎落物的工具，也可抓获柔性落物，如钢丝绳等。它由上接头、筒体总成、阀体总成、篮筐总成、铣鞋总成等组成（图 2.13）。

图 2.13 局部反循环打捞篮

工作原理：下至鱼顶洗井投球，钢球入座堵死正循环通道，迫使液流经环形空间穿过 20 个向下倾斜的小孔并进入工具与套管环形空间而向下喷射。液流经过井底折回篮筐，再从筒体上部的 4 个联通孔返回，形成工具与套管的环形空间的局部反循环水流通道。

2）强磁力打捞器

为在内径为 108~137mm 井眼内井底打捞小件铁磁性落物的工具，如卡瓦牙、钳牙等。它上接头、压盖、壳体、磁钢、芯铁、隔磁套、引鞋等组成（图 2.14）。

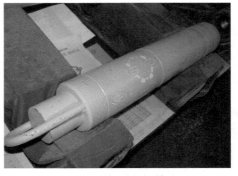

图 2.14 强磁力打捞器

图 2.15　一把抓

工作原理：由壳体引鞋和芯铁形成两个同心环形磁极，两极磁通路之间为无铁磁材料区域，使芯铁、引鞋最下端有高磁场强度。由于磁通路是同心的，磁力线呈辐射状并集中于打捞器下端的中心处，把小块铁磁落物磁化并吸附在磁极中心。即使所吸的大块落物跨接在芯铁、引鞋间的空间。磁通路不会被切断，还可吸附一些与其相接触的小型落物，实现打捞。

3）一把抓

用于在 ϕ139.7mm 套管内打捞井底不规则的小件落物，如钢球、阀座、螺栓等。它由上接头、筒身、抓齿组成（图 2.15）。

工作原理：一把抓下至井底后，将井底落鱼罩入抓齿之内或抓齿缝隙间，靠钻压将各抓齿压弯变形，再使钻柱旋转，将已压弯变形的抓齿形成螺旋状齿形，落鱼被抱紧或卡死而被捞获。

操作方法：当工具下至井底以上 1~2m 时，开泵冲洗落鱼上部沉砂，冲净后停泵。下放钻柱，当指重略有显示时，核对井底方入，上提钻柱并转动一个角度再下放，如此找出最大方入。在此处下放钻柱，加钻压 20~30kN，再转动钻具 3~4 圈（井深时，可增加 1~2 圈），待指重恢复后，再加压 10kN 左右，转动钻柱 5~7 圈。以上操作完成后，将钻柱提离井底，转动钻柱使其离开旋转后的位置，再下放加压 20~30kN，将抓齿卡牢靠，提钻。

注意事项：齿形应根据落物种类选择或设计，选用不当会导致打捞失败。材料应选低碳钢，保证抓齿的弯曲性。提钻应轻提、轻放，不许敲打钻柱，以免卡取不牢造成落鱼重新落井。

二、切割工具

尼日尔沙漠油田现场常用的切割工具主要为机械式割刀。

为井下 ϕ89mm 油管内部切割管子的专用工具，除接箍外可在任意部位切割。它由芯轴、切割机构、限位机构、锚定机构等组成（图 2.16）。

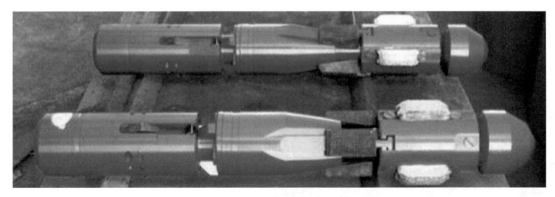

图 2.16 机械式割刀

工作原理：当工具下放到预定深度时，正转钻柱，摩擦块紧贴管柱内壁产生摩擦力，滑牙板与滑牙套相对转动，推动卡瓦上行并沿锥面张开，与套管内壁接触，完成锚定。继续转动并下放钻柱，进行切割。切割完后上提钻柱，芯轴上行，单向锯齿螺纹压缩滑牙板弹簧收缩，滑牙板与滑牙套复位，卡瓦脱开，解除锚定。

操作方法：

（1）工具下井前通井，保证井筒畅通无阻。

（2）根据管子尺寸，选择割刀。

（3）下至预定深度，循环洗井。

（4）正转钻柱并渐下坐卡，钻柱保持原重量。

（5）以 12~24r/min 转速正转，从开始切割（扭矩增加）为起点，每次下放量为 1~2mm。

（6）扭矩减小，管柱切完。

（7）上提钻柱，解除锚定。

三、套管刮削工具

套管刮削器主要用于刮削、清除套管射孔孔眼毛刺、各种水垢、残存的水泥块，为下一步措施的顺利实施打通井筒通道。尼日尔沙漠油田使用的刮削器主要为弹簧式套管刮削器。弹簧式套管刮削器的结构如图 2.17 所示。

图 2.17 弹簧式套管刮削器

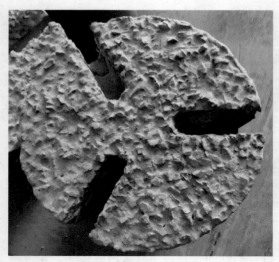

图 2.18　平底磨鞋

四、磨铣工具

磨铣类工具是修井施工中的常规工具，尼日尔沙漠油田应用最多的为磨鞋。

磨鞋按照结构形式可分为平底磨鞋（图 2.18）、锅底磨鞋和铣锥。不同端面形式和不同结构形式的磨鞋适用于落鱼鱼顶的修整、磨铣等作业，对无法打捞的小件落物，可以通过钻磨的方法清除。

五、震击工具

震击器在油井修井作业中应用广泛，其与打捞工具配合，减少打捞施工周期、提高打捞成功率。

尼日尔沙漠油田使用的震击器有开式下击震击器和液压上击震击器，开式下击震击器外形结构如图 2.19 所示。

下击震击器经常与打捞工具配套使用，抓住落鱼后，如果是上卡，则下击解卡。其工作原理实际上是能量转化的过程，当落物被抓住后，上提钻具，震击器被拉开一个冲程的高度，储集了势能，继续上提钻具，钻柱被拉伸，储备了变形能，此时瞬间释放钻具，在重力和弹性能的作用下钻具向下加速运动，当震击器达到关闭位

图 2.19　开式下击震击器

置时，势能和变形能全部转化为动能，产生向下的巨大震击力，由此反复震击，使落鱼解卡。

液压上击震击器是利用液体的不可压缩性和小间隙溢流延时作用，拉伸钻具储存了变形能，释放瞬间，在短时间内转变成向上的冲击动能，传至落鱼实现解卡。

六、修井辅助工具

螺杆钻具是以液体压力为动力，驱动井下钻具旋转的工具。可用来进行钻进、磨铣、侧钻等作业。它由上接头、旁通阀、定子、转子、联轴节、过水接头、轴承总成及下接头等组成（图 2.20）。

图 2.20　螺杆钻具

工作原理：通过转子和定子将高压液体的能量转变成机械能。当高压液体通过钻具内孔进入钻具后，阀球被推动下移，关闭旁通阀，从而进入转子和定子形成的各个密封腔。液体在各腔中的压力差推动转子沿定子螺旋通道滚动。转子和定子都采用螺旋线，转子在沿自身的轴线（顺时针）转动并带动钻具旋转的同时，还绕与转子轴线平行并与之有一偏心距的定子中心线公转（逆时针），这就是所谓的螺杆钻具的行星传动原理。由于转子和定子都采用螺旋线，因而转子绕定子轴线逆时针转动，并以自身轴线做顺时针转动来带动钻具旋转。

第五节　井控设备及操作规范

一、井控设备

尼日尔沙漠油田现场井控设备包括：

（1）2FZ28-35 防喷器及配件。

（2）HF28-35 防喷器及配件。

（3）远程控制箱和内部工具配件及液压管线；井口旋塞阀与扳手，旋塞阀连接管柱所用变扣。

图 2.21　井口防喷器装置组合

（4）作业队油嘴管汇及循环管线、抽汲井口。

（5）测试队所用 ESD 及控制面板和液压管线、油嘴管汇、循环管线。

（6）钻井泵及闸门组，循环管线所用弯头、短节，以及水龙带。

（7）压井管线、放喷管线和自封及配件。

（8）在含硫化氢区域进行试油（气）与井下作业施工时，按规定配备气防设施。

井口防喷器装置组合如图 2.21 所示。

二、操作规范

1. 防喷器安装

（1）检查双闸板防喷器的上、下法兰盘平整干净，钢圈槽良好；下法兰盘的所有螺栓都放好。

（2）平稳吊起防喷器，缓慢下放，对准井口，把所有螺栓插入四通上法兰螺栓孔，轻轻活动防喷器，保证钢圈入槽。

（3）上紧所有螺栓螺母；检查防喷器工具配件，包括手动锁紧、半封闸板的尺寸选择等；一般可以在下部安装 $2\frac{7}{8}$in 的闸板芯子，上闸板安装 $3\frac{1}{2}$in 的闸板芯子；如果有射开油气层，在进行电缆作业时，要安装全封闸板；闸板防喷器应装齐手动操作杆，靠手轮端应支撑牢固，其中心与锁紧轴之间的夹角不大于 30°，应建立操作台和防护板。挂牌标明开、关方向和到底的圈数。

（4）连接双闸板液压管线；检查远控箱内部电路连接，各控制手柄的位置，氮气瓶压力，以及气动线路等；液压管线要用专用护盖盖好。

2. 防喷器试压

（1）在井上安装好防喷器组后，进行井口现场试压。环形防喷器封闭油管试压压力为额定工作压力的 80%；闸板防喷器、压井管汇、防喷管线试压压力为防喷器额定工作压力；当现场安装的井控装置压力级别高于设计时，按井控设计要求试压；节流管汇按零部件额定工作压力分别试压；放喷管线试压压力不低于 7MPa。

（2）打开上、下闸板，将油管挂下端连接丝堵，上紧防掉；$2\frac{7}{8}$in 试压短节上紧在油管挂上，短节靠近油管挂端有一个小孔为试压孔；上紧油管挂顶丝；试压短节上连接 35MPa 水龙带或硬管线，必须有安全绳；连接到钻井泵上；关闭 $2\frac{7}{8}$in 半封闸板，打开升高法兰四通闸门，钻井泵缓慢打压至 3~5MPa，稳压 15min，压力不降为合格；缓慢打压至防喷器额定工作压力的 80%，一般为 28MPa，稳压 15min，压降小于 0.1MPa 为合格；缓慢放掉泵压，拆掉试压管线。

（3）打开 $2\frac{7}{8}$in 闸板，卸掉 $2\frac{7}{8}$in 油管短节，更换为 $3\frac{1}{2}$in 试压短节，同样进行 $3\frac{1}{2}$in 半封闸板的试压；缓慢放掉泵压，拆卸试压管线。

（4）对全封闸板试压：确认井内无射开层；连接试压管线到升高法兰四通闸门上，关闭另一端四通闸门，打开全封闸板，灌液直至封井器以上返液；停止灌液，关闭全封闸板，缓慢打压至套管最大允许压力的 80%，稳压 15min，压降小于 0.1MPa 为合格；如该井为新区块探井、地质地层情况不清楚、以及有高压气层或者异常高压，则油管头放入试压胶塞，连接试压管线到修井四通，封井器灌液，关全封闸板试压。

备注：由于受套管层序影响和作业工序要求，地层压力情况清楚，确实无法使用全封闸板，须经甲方监督和总监同意，并落实在无全封闸板时各工况下的防喷措施。

（5）如果闸板、试压管线或者连接法兰等任何部位有漏失，必须彻底放压后才能整改；重新试压；直至合格；填写试压记录。

（6）填写开工检查表，经监督签字后，方可正式开始作业。作业队操作费用开始时间为：第一件工具通过油管四通的时间。

（7）关键问题：

油管头是油气井最顶部的固定工具；防喷器是作业时施工井最顶部的防喷工具；安装必须规范，各连接部位不能有划痕、缝隙、破损等；试压必须按照要求，切实做到位；开、关防喷器必须开、关完全到位；防喷器闸板关闭位置，要避开不规则尺寸的工具段、接箍，或者不适合关闭密封的其他工具；在井控准备工作的同时，必须做好防火、防静电工作，必须做好人员疏散的准备工作。

就餐和倒班等工作间隙的防喷：就餐时间和倒班期间，一定要安装旋塞阀，关闭防喷器，打开套管闸门。必须有专人在井口观察油套管，并保持与井队干部和监督的联系，决不允许在井内有射开层的情况下，井口无人值班；在动井口重新开始作业时，要慢开旋塞阀，缓慢放压观察；如果有溢流，要根据情况压井；在进行下电潜泵作业倒班时，不得停工，人员即换即作业，直到下入油管挂，做好穿越器密封，坐好油管帽和采油树。

3. 井控管汇安装及要求

（1）井控管汇包括节流管汇、压井管汇、防喷管线和放喷管线等。

（2）防喷管线应采用螺纹与标准法兰连接，不允许现场焊接。含硫油气井的井口内防喷管线及节流压井管汇应采用抗硫的专用管线。

（3）回收管线使用经探伤合格的钢制管线或采用 35MPa 及以上的高压耐火软管。

回收管线出口应接至修井液罐，两端固定牢靠，使用高压耐火软管时，两端要加固定安全链，钢制管线的转弯处应使用角度大于120°的铸（锻）钢弯头，其通径不小于62mm。

（4）放喷管线安装要求：

①放喷管线布局要考虑当地季节风向、居民区、道路、油罐区、电力线及各种设施等情况。

②放喷管线通径不小于62mm。

③放喷管线一般应平直引出，一般情况下要求向井场两侧或后场引出。如受井场设施、地形限制需要转弯，转弯处应使用角度大于120°的铸（锻）钢弯头；如确须90°转弯时，可以使用90°缓冲（如灌铅等）弯头。

④放喷管线出口应接至距井口30m以上的安全地带（高压油气井或高含硫化氢等有毒、有害气体的井，放喷管线出口应接至距井口75m以上的安全地带），相距各种设施不小于50m，因特殊情况达不到要求时，应进行安全风险评估和制定有针对性的安全措施；对含有硫化氢气体的井，放喷管线出口要安装自动点火装置。

⑤放喷管线应固定在桩子上，桩子用水泥混凝土固定在地上，以确保管线不跳动。管线每隔10~15m、转弯处、出口处分别用桩子固定，悬空处要支撑牢固；若跨越10m宽以上的河沟、水塘等障碍，应架设金属过桥支撑。

⑥固定桩子直径不小于 $2\frac{7}{8}$ in，放喷管线用压板固定在桩子上，压板螺栓直径不小于20mm。

⑦为准确观察溢流关井后的套压变化，为35MPa及以上压力等级的节流管汇配置三通压力表座，有备用低量程的压力表。

⑧节流压井管汇所配置的平板阀应符合相应规定。

⑨防喷管线和放喷管线及节流、压井管汇须采取相应的防堵、防冻措施，保证闸阀灵活可靠、管线畅通。

备注：由于试油、修井、完井井场特别是修井、完井井场会受到井场大小、生产设备设施等的限制，现场放喷设备工具和管线连接，应根据实现安全防喷的目的和效果来合理优化布置。甲方总监对井控设备设施的配置和安装有决定权。

4. 防喷管线的安装要求

（1）采油树四通闸阀应处于常开状态，两侧宜接钢质防喷管线。若防喷管线上安装了控制闸阀（手动或液动阀），应接至钻台（或操作台）底座以外。当防喷管线长度超过7m时，中间应有地锚、基墩或沙箱固定。

（2）大修、试油作业时，防喷管线平直引出，防喷管线整根长度为3~7m。35MPa以上井防喷管线两端应用法兰连接。对于老井，若井口高度不合适，应采取调整井口或节流压井管汇高度等方式。若防喷管线平直引出无法实现，可使用相应压力等级的高压耐火软管线（压力等级不小于 35MPa，内径不小于 50mm，长度不大于 2m）引出，固定牢靠，两端安装长度合适的安全链。

（3）在小修等其他作业时，防喷管线可采用油壬连接，如确须转弯时，可使用相应压力等级的高压耐火软管线（压力等级不小于 35MPa，内径不小于 50mm，长度不大于 2m）或 90° 铸（锻）钢活动弯头或三通连接，固定牢靠，高压耐火软管线两端安装长度合适的安全链。

（4）当循环管线与防喷管线共用时，循环用闸门应紧靠节流压井管汇内侧连接。

（5）压井管线通径不小于 50mm，接至距井口 30m 以外，固定牢固。

（6）放喷、压井管线因受地面条件限制外接长度不足时，应接至井场边缘，且在现场要备有不足部分的管线和地锚、基墩或沙箱，应挖放喷坑或设置放喷罐。

5. 井控装置的使用

按以下规定执行：

（1）环形防喷器不得长时间关井，除非遇到特殊情况，一般不用来封闭空井。不得对环形防喷器进行封零试压。

（2）在套压不超过 7MPa 情况下，用环形防喷器进行不压井起下钻作业时，应使用 18° 斜坡接头的钻具，起下钻速度不得大于 0.2m/s。

（3）具有手动锁紧机构的闸板防喷器关井后，应手动锁紧闸板。打开闸板前，应先手动解锁，锁紧和解锁都应一次性到位，然后回转 1/4~1/2 圈。

（4）环形防喷器或闸板防喷器关闭后，在关井套压不超过 14MPa 情况下，允许钻具以不大于 0.2m/s 的速度上下活动，但不准转动钻具或钻具接头通过胶芯。

（5）当井内有钻具时，严禁关闭全封闸板防喷器。

（6）严禁用打开防喷器的方式来泄井内压力。

（7）检修装有铰链侧门的闸板防喷器或更换其闸板时，两侧门不能同时打开。

（8）打开油气层后，定期对闸板防喷器进行开、关活动，在有钻具的条件下试关环形防喷器。

（9）现场应备有与在用闸板同规格的闸板和相应的密封件及其拆装工具。

（10）防喷器及其控制系统的维护保养按《钻井井控装置组合配套、安装调试与维护》（SY/T 5964—2019）中的相应规定执行。

（11）平行闸板阀开、关到底后，都应回转 1/4~1/2 圈。其开、关应一次性完成，不允许半开、半闭和作节流阀用。

（12）压井管汇严禁作日常灌注钻井液用；防喷管线、节流管汇和压井管汇应采取防堵、防漏、防冻措施；最大允许关井套压值在节流管汇处以明显的标示牌进行标示。

（13）节流压井管汇上所有闸阀都应有牌编号，并标明其开、关状态。

（14）高含硫化氢油气井应安装剪切闸板。

（15）井筒存在多种规格管柱组合时，防喷器通径应能满足不同外径管柱的井控要求，内防喷工具应配有相应的转换接头，并能迅速完成连接。

6. 分离器的安装要求

按以下规定执行：

（1）分离器距井口的距离不小于 15m。

（2）立式分离器应用直径不小于 16mm 的钢丝绳和直径不小于 22mm 的正反扣螺栓对角四方绷紧、固定，非撬装立式分离器应用水泥基墩加地脚螺栓固定。

（3）分离器排气管线通径不小于 50mm，出口接至距井口 30m 以上的安全地带（高压油气井或高含硫化氢等有毒、有害气体的井，其出口应接至距井口 75m 以上的安全地带），相距各种设施不小于 50m，因特殊情况达不到以上要求时，应进行安全风险评估和制定有针对性的安全措施，同时点火口应具备点火条件。

（4）分离器排污管线应接入废液池或废液罐，并固定牢靠。

（5）分离器应配套安装安全阀，安全阀应铅直安装在分离器液面以上气相空间的本体上。

（6）安全阀与分离器连接管道的截面积不小于安全阀的进口端截面积（总和），连接管道应尽量短而直。

（7）安全阀与分离器之间不宜装设截止阀。

（8）安全阀泄压管线不应存在缩径现象，应尽量平直引出，并单独接至井场外的安全地带，出口不应接弯头。

第三章　Agadem 油田油气井完井

完井工程是衔接钻井和采油工程而又相对独立的工程，是从钻开油层开始，到下套管、注水泥固井、射孔、下生产管柱、试油排液，直至投产的一系列过程。较完善的完井工程设计是在安全的前提下使油气井获得最长寿命和最大效益的首要任务。完井工艺方法不仅要符合地下情况要求，还要应对油气井后续采油和生产期间的各种变化。

根据油田地质特征及油田开发方式和井别。按砂岩、碳酸盐岩、火成岩和变质岩等岩性来选择完井方式。完井方式按大类主要分为裸眼完井和射孔完井。裸眼完井包含裸眼、割缝衬管、筛管砾石充填等方式；射孔完井包括套管射孔、悬挂尾管射孔、套管内缠丝筛管砾石充填等方法。

尼日尔 Agadem 油田主要完井方式为套管射孔完井及尾管射孔完井。此外，针对特殊井型和井况要求，逐步形成了一套以防砂筛管完井、调流控水及水平井砾石充填等为代表的特殊完井工艺。

第一节　典型完井方式

一、套管射孔完井

Agadem 油田二开井，一般采用套管射孔完井。

套管射孔完井是钻穿油层至设计井深，然后下入生产套管至油层底部"口袋"，注水泥固井，最后射孔，射孔弹射穿生产套管、水泥环并穿透油层一定深度，建立起井下油气流通通道。

套管射孔完井具有可选择性的优点，既可以对不同压力、不同物性的储层进行选择性射开，由此避免层间干扰，还可以避开边底水层、气顶和夹层，并为油田开发后期分层开采、分层注水、分段增产改造等作业提供条件。

二、尾管射孔完井

Agadem 油田三开井，一般采用悬挂尾管射孔完井。

尾管射孔完井是指钻头钻至油层顶界，下技术套管注水泥固井，然后用小一级钻头钻穿油层至设计井深，用钻具将尾管送下并悬挂和密封在技术套管尾部。尾管和技术套管的重合段一般为 150m。再对尾管进行注水泥固井，射开尾管完井。

第二节　特殊井完井工艺

一、出砂井防砂完井

1. 工艺概述

Agadem 油田储层埋深较浅，砂岩胶结疏松，油井试油及后续生产过程中易出砂，常规套管射孔完井方式已无法满足出砂井的试油及后续生产要求，对出砂井的完井方法提出了更高要求。

现场现有三种防砂管柱，即简易打孔防砂筛管、一级防砂筛管及二级防砂筛管。

1）简易打孔防砂筛管

Abolo W-1 井在试油作业过程中，抽汲排液期间严重出砂，由于油田测试现场没有预备防砂筛管，只能利用旧油管打孔做成简易筛管，并填充砾石，制作的简易防砂管柱下井后，起到了一定的防砂效果，保障了该井试油作业顺利实施。

2）一级防砂筛管

Agadem 油田现场使用的第二种防砂筛管为一级防砂筛管，如图 3.1 所示。

图 3.1　一级防砂筛管

一级防砂筛管采用 $3\frac{1}{2}$in 油管本体螺旋割缝外包筛网筛管，适用于产层能量比较低，出砂不严重的测试层，配合简单测试管柱作业。试油作业时，将防砂筛管连接在封隔器与 TCP 的激发器之间，在抽汲排液求产过程中，既可以保证地层流体顺利进入测试管柱，又避免大颗粒油砂进入测试管柱内造成砂堵或抽汲工具卡阻的问题。

3）二级防砂筛管

除简易打孔防砂筛管及一级防砂筛管外，Agadem 油田使用的另外一种防砂筛管被称为二级防砂筛管。在测试过程中，简易打孔筛管或一级防砂筛管无法有效防砂的情况下，需要使用此种二级防砂筛管，该筛管能更有效地将不可悬浮的大颗粒隔离在筛管外，进而形成过滤层，增强防砂效果，筛管结构如图 3.2 和图 3.3 所示。

图 3.2　二级防砂筛管　　　　　　　图 3.3　二级防砂筛管入井

二级防砂筛管选用 $3\frac{1}{2}$in 油管内充填砾石，油管上切割出螺旋切割缝，缝隙外面缠绕筛网。携带砂砾的地层流体在经过筛网和管内砾石的两级过滤后，大颗粒的流砂被隔离在管柱外，形成小砂桥，在井筒和储层之间形成一道过滤层，而沉降速度慢的小颗粒随着流体进入试油管柱被携带到地面，如图 3.4 所示。

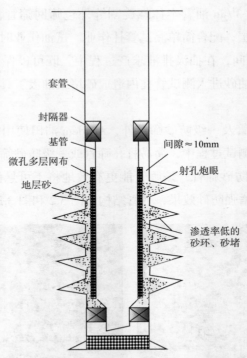

图 3.4 二级防砂筛管井下防砂原理示意图

2. 防砂筛管参数设计

筛管的优选需要兼顾两个因素：一是要考虑筛管本体外径与套管的间隙；二是要考虑颗粒通过尺寸大小的筛选，见表 3.1 和表 3.2。

表 3.1 套管直径与筛管直径推荐匹配值

套管直径（in）	$4\frac{1}{2}$	5	$5\frac{1}{2}$	$6\frac{5}{8}$	7	$7\frac{5}{8}$	$8\frac{5}{8}$	$9\frac{5}{8}$	$10\frac{3}{4}$
筛管直径（in）	$2\frac{1}{10}$	$2\frac{3}{8}$	$2\frac{3}{8}$	$2\frac{7}{8}$	$2\frac{7}{8}$	$3\frac{1}{2}$	4	$4\frac{1}{2}$	5

表 3.2 砾石尺寸与缝隙尺寸筛管直径推荐匹配值

砾石尺寸		缝隙尺寸（mm）
目	mm	
40~60	0.249~0.419	0.15
20~40	0.419~0.838	0.30
16~30	0.584~1.190	0.35
10~20	0.838~2.010	0.50
10~16	1.190~2.010	0.50
6~12	1.680~2.339	0.80

除此之外，在选择二级防砂筛管时，防砂能力须按照以下经验公式进行计算，由此来评估筛管的防砂能力：

$$D=（5\sim6）\times d_{50} \tag{3-1}$$

$$d \approx D/6.5 \tag{3-2}$$

式中 d_{50}——地层砂在累积重量为 50% 点处的砂粒直径，mm；

D——砾石的平均直径，mm；

d——砾石稳定堆积后形成的平均喉道直径，mm，直径大于"d"的地层砂不能通过此喉道。

3. 典型井应用及效果分析

防砂筛管完井管柱在 Yogou 和 Yara 区块 9 口井共计 22 层试油作业时使用，取得了良好的应用效果，满足了 95% 浅层出砂井的防砂、控砂目的，应用情况见表 3.3。

表 3.3　Agadem 油田试油防砂筛管统计

井号	试油层数	试油层位	试油结果	管柱结构	防砂筛管级别	含砂（%）	求产方式
Yara SW-1	4	Yogou：2712.7~2714.1m，1.4m	水	简易	常规打孔	0.0	抽汲
		Yogou：2687.6~2690.2m，2.6m	油水同层	简易	常规打孔	0.0	抽汲
		E3：1496.7~1502.2m，5.5m	纯油	简易	二级防砂筛管	4.0→0.1	自喷
		E2：1419.6~1422.0m，2.4m	油水同层	APR	一级防砂筛管	0.1→0.0	自喷
Yogou-3	4	Yogou：2550.5~2552.5m，2m	纯油	STV	常规打孔	0.0	自喷
		Yogou：2518.0~2521.0m，3m	纯油	STV	常规打孔	0.0	抽汲
		E4：1592.0~1593.5m，1.5m；1596.5~1600.0m，3.5m	纯油	STV	一级防砂筛管	0.0	自喷
		E1：1332.0~1333.5m，1.5m	油水同层	简易	一级防砂筛管	0.5→0.1	自喷
Yogou E-1	3	Yogou：2686.9~2690.9m，4m	水	APR	一级防砂筛管	0.0	抽汲
		E1：1285.7~1292.0m，6.3m	纯油	APR	一级防砂筛管	0.0	自喷
		E0：1130.4~1134.2m，3.8m	纯油	APR	一级防砂筛管	0.0	自喷
Yara S-1	2	Yogou2：2556.6~2558.0m，1.4m	水	简易	常规打孔	0.0	抽汲
		E1：1269.7~1271.6m，1.9m	纯油	APR	一级防砂筛管	0.4→0.0	自喷
Yara E-1	2	E5：1870.4~1874.1m，3.7m	油水同层	简易	一级防砂筛管	0.0	抽汲
		E0：1250.8~1259.0m，8.2m	油水同层	APR	一级防砂筛管	0.0	抽汲
Kobo W-1	2	E1：1678.3~1681m，2.7m	油水同层	APR	一级防砂筛管	1.0→0.3	抽汲
		E1：1598.7~1602m，3.3m	水	简易	一级防砂筛管	1.0→0.4	抽汲
Kobo-1	1	E5：2300.0~2303.2m，3.2m	纯油	STV	一级防砂筛管	0.1→0.0	抽汲
Bamm E-2	1	E1：1655~1658m，3.0m	水	简易	一级防砂筛管	3.0→0.7	抽汲
Achigore Deep-1	3	YSQ2：3238.0~3241.0m，3.0m	纯气	APR	一级防砂筛管	0.0	自喷
		YSQ2：3167.9~3173.7m，5.8m	油气同层	APR	一级防砂筛管	0.0	自喷
		YSQ3：3035.6~3041.0m，5.4m	纯油	APR	一级防砂筛管	0.0	自喷

从表 3.3 中历史施工数据可以看出，一级防砂筛管集中应用于 1500m 左右的产层，配合 APR 及选择性测试阀试油管柱使用，结合抽汲及自喷参数控制，有效控制求产过

程中产层出砂,保证了试油作业的安全、连续。二级防砂筛管作为储备技术,主要用于出砂量更大,井况更复杂时,接替简易防砂管柱及一级防砂筛管使用。

在 Kobo W-1 井产层 E1:1678.3~1681m,试油求产作业中,采用 APR 管柱结合一级防砂筛管进行抽汲求产,成功将先期 1% 的出砂量降至 0.3%,测试结束后发现筛管下部沉砂管内堆积有 13m(约 1.5 根 $3\frac{1}{2}$in EUE 油管长度)的地层砂。

在 Yara SW-1 井产层 E3:1496.7~1502.2m,产层厚度 5.5m,试油过程中采用简易测试管柱结合常规打孔筛管抽汲求产,出砂量达 4%,造成测试管柱砂堵,更换二级防砂筛管,成功将出砂量从 4% 降至 0.4%,最终降为 0.1%,保证了试油求产作业顺利完成。

二、高含水井控水完井

随着油田一期开发的不断深入,油藏非均质性带来的挑战越发明显,渗透率差异及沿流动方向上的压力降等因素造成油井产液不均衡。截至 2019 年,一期油田 3 个区块共投产 61 口井,日产液 28470.8bbl,日产油 18963bbl,综合含水 31.3%。其中,Goumeri 区块平均含水最高,达 54.2%;Sokor 区块平均含水为 36.1%,Sokor-2 井含水达 90% 以上。油田综合含水迅速上升,已影响到油田的整体采收率和开发效益。

调流控水工艺不仅起到自适应控水稳油的作用,而且管柱入井后可实现 2~3 段分层采油,解决了同井不同压力层段井内流动干扰问题,最大限度地提高了单井产量。

1. 控水完井管柱结构

调流控水筛管完井管柱如图 3.5 所示,主要工具包括悬挂封隔器、隔离封隔器、FLC 型控水筛管、密封筒、圆头引鞋、冲管等;配套工具包括密封杆、调整短节、提升短节、通井工具、通径规、工具包等。主要完井工具参数见表 3.4 和表 3.5。

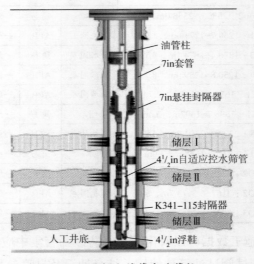

图 3.5 调流控水筛管完井管柱

表 3.4　主要完井工具

序号	工具名称	规格型号	外径（mm）	内径（mm）	扣型	数量	备注／说明
1	悬挂封隔器	HR152-101 7in×4in	152	101	4inNU	1套	中心管自带球座，坐封球1个，材质N80，耐压≥50MPa
2	隔离封隔器	IP152-89	152	89	4inNU	1套	耐温≥150℃，耐压≥30MPa，材质超级N80
3	FLC型控水筛管	FLC140-89 4in	140	89	4inNU	30m	挡砂精度200μm，每根筛管长度10m±1m，基管材质超级N80
4	密封筒	4in	125	82.55	4inNU	1套	材质N80
5	圆头引鞋	4in	114	—	4inNU	1套	材质N80
6	冲管	$2\frac{3}{8}$in	73	50	NU	40m	材质N80
7	油管	4in	101	88.9	4inNU	10m	材质N80

表 3.5　配套完井工具

序号	工具名称	规格	外径（mm）	内径（mm）	扣型	数量	备注／说明
1	密封杆	4in	82.55	50	NU	1个	材质N80，与密封筒配合使用，实现隔离封隔器坐封及验封
2	调整短节	4in	101	88.9	NU	8根	1m、2m、3m、5m调整短节各2根
3	提升短节	$3\frac{1}{2}$in	88.9	72	NU	1根	安装在悬挂封隔器的上部，连接中心冲管时使用
4	通井工具	7in	152	—	—	1个	长度1.5m，用于模拟整个完井管柱的通过状态
5	通径规	4in	84	—	—	1个	对入井管柱进行通过测试
6	吊卡	$2\frac{3}{8}$in	—	—	—	2个	辅助下入冲管
7	工具包	—	—	—	—	1个	服务工具及配件包

2. 调流控水装置

1）整体结构及功能

自适应调流控水装置由基管、筛管、内嵌导流套、节流控制器、内保护盖及整体外保护套等组成，如图3.6所示。其中，基管主要用于连接筛管及输送流体；内嵌导流套用于导流、定位及节流控制器的固定；节流控制器是整套装置的核心，主要起到控水稳油的作用；内保护盖是节流控制器上盖，用于保证进入AICD的流体流入节流控制器；整体外保护套用于保护整套控水装置的内部结构不受井内环境的干扰，并保证由筛管内流出的流体流入自适应调流控水装置。该装置的尺寸与常规调流控水装置相同，便于现场应用。

筛管接箍　　基管　　　筛管　　对接插头　调流控水增油　控水装置　调流控水增油
　　　　　　　　　　　　　　　　　　　　短节工作筒　　　　　　　短节外保护套

图 3.6　自适应调流控水装置整体结构

2）节流控制器结构及功能

节流控制器是自适应调流控水装置的核心，决定装置的控水效果。节流控制器主要包括入口通道、节流喷嘴、节流通道、导流通道和中心出口喷嘴。节流控制器有两个入口通道，主要功能是将进入控水装置的流体引入控制器；节流喷嘴利用局部摩阻效应起到进油阻水的作用；节流通道利用沿程摩阻效应起到进水阻油的作用；导流通道用来引导流体进行圆形流动；中心出口喷嘴是连接节流控制器与中心管的通道，用来将进入节流控制器中的流体引入中心管，同时在生产压差大和流量较大时起到一定的节流作用。节流控制器的主体部分为圆形，可以促使密度相对较小的油在旋流过程中向中心流动，而密度较大的水在外侧旋转，其圆盘结构也进一步保证了整个节流控制器具有自适应调节的特点。

3）装置工作原理

由于油与水的密度和黏度不同，在特殊几何流道流动时，油和水在旋流过程压力能与动能的转化过程中，能量损失不同，水的流动压降较大，而油的流动压降较小，起到"节流"低黏度的水、"开源"高黏度油的作用。与传统的调流控水装置相比，自适应调流控水装置具有"主动式"调流控水功能，能够根据产层产液的变化自动调整所产生的附加阻力，达到均衡产液剖面、控制底水锥进的目的（图 3.7）。

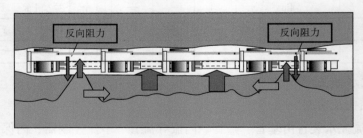

图 3.7　调流控水装置工作原理图

见水前，封隔器将调流控水筛管和井壁之间的环空分隔为几个相对独立的流动单元，这样独立单元的流体不会窜流，调流控水筛管将各流动单元的流量控制均衡，保证油水界面比较整齐地推进，延长无水产油期和无水产油量，起到调流的作用。

一个流动单元见水后，水无法窜到其他流动单元，调流控水筛管解决了由于油水黏度不同而引起的油井产水不产油的问题，降低了油井含水率，达到控水的目的。

3. HR152-101 悬挂封隔器

HR152-101 套管内尾管悬挂器是自适应调流控水分段完井工艺的关键工具，其结构如图 3.8 所示，主要起到悬挂下部完井管串及封隔下部储层的作用。

图 3.8　HR152-101 悬挂封隔器结构

1）工具结构

封隔器坐封方式为管内投球液压坐封，当球落到球座位置后，油管内打压，防坐封锁定机构释放，活塞传力将坐封销钉剪断，随后将卡瓦牙推出并牢牢地卡在套管内壁上。继续打压，将胶筒胀开，油套环形空间被密封，封隔器坐封。套管打压验封，验封合格后，根据不同坐封工具选择丢手形式，包括油管打压丢手或套管打压丢手、机械正转丢手三种丢手方式。

解封时，下入回收工具连接打捞接头，上提管柱至解封力，解封销钉剪断，封隔器卡瓦牙释放，在卡瓦弹簧的作用下自动收回，封隔器释放，上提打捞管柱就可将井内管柱起出地面。

2）工具特点

（1）可用回收工具解封、回收。

（2）皮碗式胶筒，可耐受更高的压差。

（3）配合坐封工具，锁定机构可有效预防提前坐封或提前脱手。

4. FLC140-89 控水筛管

1）工具结构

调流控水筛管是整个 AICD 控水完井技术的主要工具载体，由调流控水增油装置、专用控水筛管、特殊接箍等组成，其结构如图 3.9 所示。

图 3.9　FLC140-89 控水筛管结构

调流控水增油筛管内全通井，方便后期作业，该筛管共包含 6 层结构，中心管外部留有 5mm 的环形空间用以保证流体的横向入流，满足了调流控水完井既要求挡砂，又能够调流的技术要求，其内部结构如图 3.10 所示。

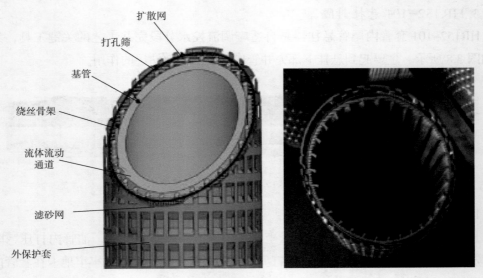

扩散网
打孔筛
基管
绕丝骨架
流体流动通道
滤砂网
外保护套

图 3.10　控水筛管内部精密复合滤砂管结构

2）工具特点

FLOWISE 智能调流控制技术是通过设置特殊的几何形状流道，利用油水基本物性差异使油水在流动中产生不同阻力，自动识别，控制产出，有效提高油的产出占比。通过下入 FLOWISE 自适应调流控水工具到预定储层，实现控水完井。

（1）流体识别：根据流体的类别，选择需要被限制的流体。

（2）流体转换：引导被选定的流体通过特定的通道。

（3）流体限制：限制不需要流体的入流。

5. IP211 隔离封隔器

IP211 隔离封隔器是一种液压式坐封封隔器，主要用于多层井段的层间隔离，可用于调流控水完井及普通层间隔离或卡层。

1）工具结构

层间隔离封隔器可根据隔离封位置精确地将坐封工具上提至隔离封上、下密封筒，通过定位套准确判读位置后，从操作管内打压验证，压力上升，说明坐封工具导入密封筒，这时继续分台阶打压至 2600psi（18.0MPa），稳压 10min。第一个隔离封坐封完成。油管缓慢放压，然后继续上提管柱，重复以上坐封过程，依次坐封上部其余隔离封。

解封时，下入顶部封隔器回收工具对接打捞接头上提管柱，这时解封销钉剪断，卡瓦牙在卡瓦弹簧的作用下自动收回，顶部封隔器释放，再继续上提打捞管柱就可将井内所有的隔离封释放，释放负荷 150~170kN，将全部防砂管柱起出。其结构如图 3.11 所示。

图 3.11　IP211 隔离封隔器结构

2）工具特点

（1）大通径，结构简单。

（2）皮碗式胶筒，可耐受更高的压差。

（3）无锚钉卡瓦，解封可靠。

（4）坐封工具有定位信号装置，位置准确。

6. 典型井应用及效果评价

1）井况概述

Sokor–19 井于 2014 年 5 月 19 日投产，生产层段 E3：1897~1899m、1904.5~1906m、1907.5~1910m。开井即见水，2014 年 11 月含水达 60%。日产油从初期的 500bbl 下降至 190bbl。截至 2019 年 3 月底，累计产油 4.7×10^4t。

Sokor–19 井上返 E2 油组，利用桥塞封隔 E3 已射开井段，单独开发 E2 油组，应用自适应调流控水工艺。调流控水上段：射开 E2–2 小层的 8 号和 9 号油层，射开井段：1790.5~1791.5m、1793~1797m。调流控水下段：射开 E2–3 小层的 10 号和 11 号油层，射开井段：1809~1810.5m、1812~1814m。两层段中间以封隔器在井筒内封隔，实现分层采油 + 调流控水。

根据储层物性和井眼条件，对储层的流动单元进行了划分，确定了各个流动单元的物性、含油饱和度等参数设计筛管数量和相应控流装置参数（表 3.6）。

表 3.6　Sokor–19 井调流控水筛管设计表

控流单元	井段（m）	井段长度（m）	油层长度（m）	平均渗透率（mD）	设计产量（bbl）	FLOWISE 筛管长度（m）	控流装置规格
I	1790.5~1797	6.5	5	—	900	20	FLC–A4
II	1809~1814	5	3.5	—	300	10	FLC–A3
合计		11.5	8.5		1200	30	

根据自适应调流方案设计，完井从下到上管柱结构如下：ϕ101mm 引鞋 + ϕ101mm 盲管 + ϕ140mm 自适应调流筛管 + ϕ152mm 隔离封隔器总成 + ϕ140mm 自适应调流筛管 + ϕ101mm 盲管 + ϕ152mm 悬挂封隔器 + ϕ73mm 送入钻具组合，示意图如图 3.12 所示。

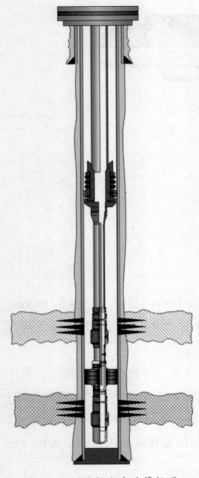

图 3.12　调流控水完井管柱图

2）现场作业程序

（1）通井。

下 $2\frac{7}{8}$in EU 油管底带 ϕ152mm 通井工具实探人工井底 1961m，中途无明显遇阻，上提 1 根油管反洗井，洗深 1951.78m，排量 500L/min，压力 2~3MPa，累计洗井 250bbl，起出检查通井工具完好，无明显划痕。

（2）刮削。

下 $2\frac{7}{8}$in EU 油管 201 根底带 7in 刮削器实探人工井底 1961m，中途无明显遇阻，在 1760~1819m、1875~1905m 反复刮削 5 次，排量 500L/min，压力 2~3MPa 反洗井，累计洗井 250bbl，起出检查刮削器完好。

地面检查、连接封隔器及控水筛管，并对工具的型号、尺寸进行检查，符合设计要求，丈量核实自适应调流控水筛管、调整短节、隔离封隔器、圆头引鞋、悬挂封隔器长度，检查丝扣，检查各工具编号，校核胶筒中位置等。

（3）起出井内全部管柱。

管柱组合：根据自适应调流方案设计，完井从下到上管柱结构如下：

外管柱：管柱自下而上依次为 4in 引鞋 0.16m+4in 盲管 1 根 9.59m+4in 自适应调流筛管 1 根 9.32m+ϕ152mm 扶正器 0.35m+ϕ152mm 隔离封隔器总成 2.08m+4in 短节 1 根 1.02m+4in 自适应调流筛管 2 根 19.87m+ 短节 1 根 5.02m+4inNUP×5inLTCB 变扣 0.19m。ϕ152mm 隔离封隔器总成 =ϕ125mm 密封筒 +ϕ152mm 隔离封隔器 +ϕ125mm 密封筒。

内管柱：$2\frac{3}{8}$in 引鞋 + 隔离封坐封工具一套 +$2\frac{3}{8}$in 盲管 4 根。用悬挂封隔器连接内外管，上接 $2\frac{7}{8}$in EUE 油管 2 根 + 同位素标记 +$2\frac{7}{8}$in EUE 油管至井口。

校深，调整管柱深度，调节管柱深度 4in 引鞋深度 1825.57m，隔离封深度 1805m，顶部封隔器深度 1777.36m，管柱悬重上提 18t，下放 17t。

（4）坐封悬挂封隔器。

投 ϕ38mm 钢球等待 20min，正打压 7250psi（5MPa），稳压 1min，检查打压管线无渗漏；重新打压至 1200psi（8.0MPa），稳压 5min 后缓慢泄压至 2MPa；重新打压至 1800psi（12.0MPa），稳压 5min 后缓慢泄压至 2MPa；重新打压至 2200psi（15.0MPa）×10min 完成坐封，后缓慢泄压至 0。

（5）验封悬挂封隔器。

上提管柱悬重至 23t，下放悬重至 13t，管柱不移动坐挂成功。关闸板，环空加压 725psi×5min 验封，压力不降，缓慢泄压至 0，验封合格。

（6）丢手。

上提悬重至 18t，正转 9 圈，悬重降至 16t，丢手成功。

（7）剪切球座正循环测试。

上提管柱 2.0m，正打压至 22.3MPa，压力突降，将坐封球座剪切，正循环排量 200L/min，压力 0.8MPa，套管返液。

（8）坐封下层隔离封隔器。

从坐封底部隔离封隔器位置上提中心冲管至坐封隔离封位置，油管正打压至 725psi，稳压 1min；重新打压至 1800psi，稳压 3min，泄压至 0；重新打压至 2600psi，稳压 10min，泄压至 0。

（9）验封隔离封隔器。

下放管柱 1.5m，正循环验封，排量 200L/min，压力迅速升至 4MPa，套管无返液，停泵压力缓慢降至 0，验封合格。

（10）起管柱。

起出井内全部管柱，下电泵生产。

3）效果分析

Sokor-19 井于 2019 年 3 月 29 日作业完开井，日产油 850bbl，不含水。生产至 2019 年 9 月 11 日，油井基本不含水，含水较使用工艺前下降 72%，日产油 582bbl，平均日增油 370bbl，日产水减少 546bbl，控水增油效果非常明显（图 3.13）。

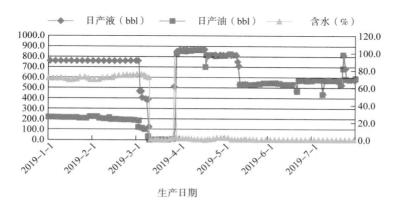

图 3.13 Sokor-19 井作业前后生产数据对比

在尼日尔 Agadem 油田，自适应调流控水技术已在 Sokor-11、Sokor-19、Sokor-18 三口井中应用并取得成功（表 3.7），二期预计将有 40 口井的工作量。

表 3.7　三口试验井应用效果对比

井号	生产日期	日产液量（bbl）	日产油量（bbl）	含水（%）	备注
Sokor-11	2018-6-1	922	295	68	措施前
	2018-6-17	906	298	67	
	2019-7-23	546	404	26	措施后
	2019-7-31	554	399	26	
Sokor-18	2019-1-1	1032	299	71	措施前
	2019-1-15	1032	289	72	
	2019-7-22	620	618	0.4	措施后
	2019-7-31	622	619	0.4	
Sokor-19	2019-1-1	757	219	71	措施前
	2019-1-15	757	227	70	
	2019-7-22	524	516	0.5	措施后
	2019-7-31	585	582	0.6	

第三节　射孔

一、射孔工艺原理

射孔完井在尼日尔沙漠油田勘探开发过程中得到广泛应用。射孔就是利用专用的射孔枪下到油气井中某一层段，用特定的方式点火，在套管、水泥环和地层中建立流体通道，使油、气能够从地层中流入井内。从 2012 年尼日尔沙漠油田一期开发开始，油田工程师在射孔工艺、射孔枪、射孔弹和射孔参数优化等方面进行了大量的理论研究和现场试验，射孔技术在尼日尔沙漠油田得到了迅速发展。

二、射孔技术特点

尼日尔 Agadem 油田应用最多的射孔方式为油管传输射孔，TCP 井下射孔管柱组合如图 3.14 所示。

1. 基本原理

该工艺是利用油管将射孔枪（图 3.15）下到油层位置进行射孔。油管下部联有压差式封隔器、带孔短节和引爆系统。通过地面投棒引爆、压力或压差式引爆等方式使射孔弹爆炸，从而一次性射开油气层。

油管传输射孔深度校正一般采用较为精准的放射性测井校深法。在管柱的定位短节内放置一粒放射性同位素，校深仪器下到预定位置（一般为定位短节以上100m），开始下测一条带磁性定位的放射性曲线，超过定位短节约15m停止。将测得的放射性曲线与之前测得的校正放射性曲线进行对比，计算出定位短节深度，并在井口利用油管短节进行调整。

图 3.15 射孔枪

2. 技术特点

油管传输射孔具有高孔密度、深穿透的优点，负压值高，容易解除射孔对储集层的伤害。一次射孔的跨距大，最长可实现一趟管柱射开1000m。对直井、定向井及水平井均适用。同时，油井射孔后就可以进行后续试油作业或投产，减少压井和起下管柱次数，减少油层伤害，节约作业费用。

开展射孔和试油联作的油井，有时要求钻井时留有足够长的井底口袋，以便存放落下的射孔枪。

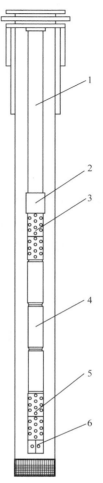

图 3.14 TCP 射孔管柱组合
1—油管；2—起爆器；3、5—射孔枪；4—夹层枪；6—丝堵

三、射孔参数优化

射孔参数主要包括射孔密度、孔眼直径、孔眼深度和射孔相位。

对于近井地带存在钻井损害的井，当射孔深度在储层伤害带之内，井的产能随孔深的增加而增加，但是当孔深增加到某一值时，再增大孔深，产能增加趋势减缓（图 3.16）。

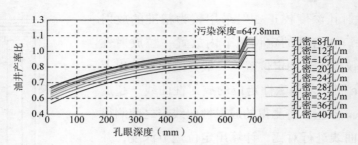

图 3.16　孔深和孔密对产量的影响曲线图

在选择射孔密度时，不能无限制地增加孔密，因为孔密太大容易造成套管损害或破坏井底岩石结构，造成油井出砂等现象。

射孔孔眼直径大小对油气井产能的影响要比孔深和孔密对油气井产能的影响小得多。大直径的孔眼可以为油流提供较大的通路，不易被沉积物所堵塞（图 3.17）。因此，对存在积垢或石蜡沉积趋势的井，采用大的孔眼直径射孔，对于其他井不必强调增大射孔直径。相位对产量的影响曲线如图 3.18 所示。

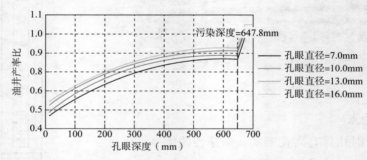

图 3.17　孔眼直径对产量的影响曲线图

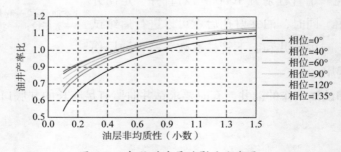

图 3.18　相位对产量的影响曲线图

通过对射孔参数孔深、孔密、孔眼直径进行敏感性分析认为：

（1）孔深对产率比影响最大，其次是孔密。

（2）射孔弹穿透污染带后各参数的影响比未穿透污染带大（表 3.8）。因此，在射孔器械选择时，应首先考虑射孔弹能否穿透污染带，然后选择射孔密度。

表3.8 部分井钻井污染情况统计表

油田群	开发层位	油藏中深（m）	地层压力（psi）	渗透率（mD）	孔隙度（%）	预测的平均钻井污染深度（mm）
FGD	E2	1937.25	2714	1390	24	594
Dibeilla	E5\E4\E3	1569.5	2144.2	2200	24.4	756
Dinga Deep	E4	2874.45	3922	566	20.5	570
Koulele	E1/E2/E3/E5/Ma/Yg	1342.8	1875	438	24.9	290
Abolo-Yogou	E1/E2/E4/Ma/Yg	1651.7	2321	2302.9	25.4	588

对 Agadem 油田钻井数据进行统计分析发现，不同断块油田群钻井平均污染深度在290~800mm 之间。因此，推荐采用穿深：≥ 900mm，相位 60°、90°，孔密：16 孔 /m、20 孔 /m 的射孔枪。

由于 Agadem 油田受现场物资限制，仅有 16 孔 /m、90° 相位的射孔枪，射孔枪参数见表3.9，枪型如图 3.19 所示。

表3.9 射孔器材参数表

枪型	射孔弹	孔密（孔/m）	射孔类型	相位角（°）
SQ127-16-90	SDP44RDX38-1	16	TCP	90
SQ102-16-90	SDP44RDX38-1	16	TCP	90

图 3.19 Agadem 油田常用射孔枪

TCP 射孔工艺已在 Agadem 油田现场应用上百井次，取得了较好的效果，具体数据见表3.10。

表3.10 部分井射孔效果统计表

井号	层位	PI[bbl/（d·psi）]	有效渗透率（mD）
Faringa W-1	E2	11.71	741
Gololo W-1	E1	12.51	1190
Gololo -1	E5	0.889	138

续表

井号	层位	PI[bbl/ (d · psi)]	有效渗透率（mD）
Dibeilla−1	E5	2.17	832
Dibeilla N−1	E5	23.13	9240
Imari E−1	E4	8.93	566
Dinga Deep−1	E4	2.97	302
Goumeri W−1	E4	0.18	6
Gana−1	E2	0.46	474
Arianga−1	E1	14.64	4660
Fana W−1	E1	0.719	472
Koulele C−1	E1	1.788	1120
Koulele CE−1	E1	0.351	146
Koulele W−1	E1	13.42	6332.7
Fana SE−1D	E5	1.593	346
Bamm−1	E3	17.64	3990

第四章　Agadem 油田油气井修井作业

在油水井生产过程中经常会发生故障，需要及时修理和排除，由此避免油水井停产或报废，修井作业就是为恢复油水井正常工作状态而采取的一系列维护、维修和复杂情况处理的工艺。通过修井作业可提高油水井生产时效和利用效率，由此最大限度地保障油田生产。

本章介绍尼日尔 Agadem 油田常用修井作业工艺，包括油水井冲砂、检泵、转注等常规修井工艺，以及解卡、打捞等复杂修井工艺，此外还将重点介绍各工艺在现场的作业程序及注意事项。

第一节　压井

一、压井工艺

井下作业中压井方法与钻井中的压井方法有所不同，Agadem 油田现场常用的压井方法有循环压井法、灌注法和挤注法三种。

1. 循环压井

循环压井法是目前油田常用的方法，该方法是将配好的压井液用泵泵入井内进行循环，使油层中的液体不能溢出，而将井筒内流体用压井液替换出来，使压井液充填整个井筒，把井压住。

循环法压井分为正循环压井和反循环压井。

1）正循环压井

压井液从油管泵入，然后经过油管鞋进入油套环空返出地面，构成由油管到油套环空的正循环通道，从而将井压住。该方法用于低压、气油比高的油井最为有效。

2）反循环压井

压井液由油套环空泵入，再进入油管返出地面，从而将油套环空及油管内井液替出，构成反循环通道，从而将井压住。该方法通常应用在井口压力高、产量高、井内有泵及带有单流阀的油井。该方法操作简单，压井成功率高。

2. 灌注法压井

通过向井筒内间断性地灌注压井液而将井压住。该方法多在井底压力不高、修井时间较短，或井口阀门失效无法连接循环压井设备的情况下使用。该方法操作简单，压井液与油层接触少，对储层伤害较小。

3. 挤注法压井

挤注法是井口只作为压井液的进口，压井液不返出油井，地面用高压将压井液挤入井内，将井筒内的油、气、水等流体挤回地层，靠井筒内的液柱重力平衡地层压力，将井压住。该方法适用于无法实施循环压井的砂堵、蜡堵井及井口设备存在问题的井；此外，对于高压井及高含硫化氢等具有高作业风险的油气井，多采用挤注法压井。

二、典型压井液

1. 压井液密度计算与选择

现场选择压井液密度的原则：压井液在井筒内产生的液柱压力与地层压力相平衡，即常说的油井"压而不死，活而不喷"。此外，使用的压井液材料配伍性良好，不会造成油层伤害。

由压井的原则可知，保持井内平衡的条件为井底压力等于地层静压力，即 $p_f=p_r=p_H+p_t$。

当井口压力为 0 时，$p_r=p_H=\rho gH \times 10^{-6}$，得到压井液的密度计算公式为：

$$\rho = \frac{\alpha p_r}{gH} \times 10^6$$

式中　g——重力加速度，9.8m/s^2；

　　　ρ——压井液密度，kg/m^3；

　　　α——安全系数，常取 1.05~1.15；

　　　H——油层中部深度，m。

2. Agadem 油田典型压井液

Agadem 油田常用压井液为 KCl 压井液，此外为应对不同开发期、不同井况油气井特点，研发出适合开发后期低压地层的防漏失压井液、适合异常高压地层的高密度无固相压井液，以及防腐蚀压井液等特殊压井液体系。

1）低压地层修井防漏失压井液

油田前期开发中并未采取未采先注的策略，随着开发时间的延长，地层亏空严重，不少开发井井筒液面已降到 1000m 以下，修井作业时漏失情况不断加大。Agadi 油区在修井作业期间发现，1.005g/cm³ 的压井液，洗井过程中依然有漏失。Sokor-15 井在检泵作业时，开始洗井用 2%KCl 溶液，洗井用量 51m³，没有液量返出，Goumeri 油区更是出现了清水洗井钻塞，漏失高达 18m³ 的情况（表 4.1）。这些表明了开采油区由于地层亏空，修井作业面临的压井液漏失问题越来越严重。为了满足现场需要，作业部开展了防漏失压井液研究。

表 4.1 压井液漏失情况统计

井号	层位深度（m）	压井液配方	漏失量	备注
Goumeri-6	2645~2647 2654~2656 2661.7~2665	1%KCl	35m³（在起 ESP 和刮削期间）	2014 年修井作业
Goumeri-2	2568.6~2571.5 2583.3~2586.5	2%/KCl	钻塞时有气泡和油返出，出口控压 300psi，下刮削时又漏失严重	2011 年完井作业
Goumeri-11	2814~2821	3%/KCl	反循环洗井漏失 11m³	2012 年 01 月作业
	2773~2777 2814~2821	30kg/m³KCl+0.05kg/m³ SODA+0.3kg/m³XCD	3% 防漏失压井液 24m³	2016 年 11 月分采作业
Goumeri-1	2290~2299 2384~2409	Fresh water	钻两个塞，共漏失 18m³ 清水	2011 年完井作业

防漏失压井液涉及降滤失体系和屏蔽暂堵体系，降滤失体系主要由加重剂、pH 调节剂、降滤失剂等组成，同时可与暂堵剂配合使用。

（1）降滤失剂筛选。

原则是在盐水中具备降滤失、增黏作用，抗温性好且对地层损害小，与各添加剂配伍性好。通过查阅资料和技术调研选择了 XCD，XCD 具有降滤失效果好、对地层损害小的特点。虽然 XCD 降滤失效果较好，但因 0.5%XCD 溶解起来比较困难，所以 XCD 加量推荐为 0.4%。XCD 是生物聚合物，作为降滤失剂其性能受 pH 值、矿化度、温度等影响较大。

pH 值影响：调节 XCD 体系的 pH 值，测定滤失系数的变化，降滤失体系为 0.4%XCD，测试温度为室温，pH 值为 5、6、7、8 时，滤失系数分别为 $7.74 \times 10^{-4} \text{m/min}^{1/2}$、$6.08 \times 10^{-4} \text{m/min}^{1/2}$、$4.54 \times 10^{-4} \text{m/min}^{1/2}$、$6.42 \times 10^{-4} \text{m/min}^{1/2}$。因此，pH 值不论是增大还是减小其滤失量都会增加，在中性条件下其滤失量最小，使用范围在 6~8 之间。

矿化度影响：通过调整体系中的盐含量观察防漏失效果的不同，根据文献资料，随盐含量增加，矿化度增加，滤失量变小。

温度影响：温度越高，XCD 降解越快，也就影响其降滤失性能，为了减缓 XCD 的降解，可加入除氧剂和杀菌剂。

与压裂液降滤失效果对比：把优选出的降滤失剂体系与降滤失效果好的压裂液进行对比，测试温度为 60°C，表明优选的体系滤失系数小，降滤失效果较好（表 4.2）。

表 4.2 压裂液与 XCD 体系降滤失效果对比

降滤失体系	组成	滤失系数（10^{-4}m/min$^{1/2}$）
压裂液	0.5% 交联剂 +0.3% 瓜胶	10.84
	1.5% 交联剂 +0.3% 瓜胶	11.28
XCD 体系	3%+0.4%XCD	12.4
	3%+0.4%XCD+7%NaCl 或 KCl	8.4

配方中的 KCl 的作用是为了更好地保护储层，而烧碱、XCD 的作用是为了控制压井液具有良好的流变性能。

（2）屏蔽暂堵剂体系。

对于在作业中漏失量较大，同时作业时间较长，需要考虑使用暂堵剂。屏蔽暂堵剂技术依据 2/3 架桥、1/3 填充的机理，使用的架桥粒子为 Bloca（超细碳酸钙）。通过 XCD 提高体系黏度，该体系黏度 35s 左右，30min 滤失量不大于 15mL。通过超细碳酸钙的堵孔作用，以及形成泥饼后降低滤失量，来达到堵漏或者降低完井液漏失和保护油气层的作用。

（3）应用情况。

Sokor-15 井检泵作业，洗井用 2%KCl 溶液，洗井用量 51m³，井口没有液量返出；现场配制防漏失洗井液，密度为 1.005g/cm³。应用洗井液 71m³，漏失量 15m³，达到一定的防漏失效果。

配方进行改良后应用到 Goumeri-6 井，该井是 2009 年完钻的一口直井评价井，电泵完井。2014 年修井检泵作业时，采用 1%KCl 溶液压井，在起电泵管柱倒刮削完成过程中，总共漏失压井液 35m³。后改用防漏失压井液配方替换 1%KCl 溶液，使用压井液 95m³，未见任何漏失。

压井液配方及使用情况见表 4.3。

表 4.3 改良后压井液配方使用效果数据表

井号	层位	层位深度（m）	压井液配方	漏失量
Goumeri-6	E2	2645~2647 2654~2656 2661.7~2665	1%KCl	35m³ （在起 ESP 和刮削期间）
			2%/KCl+0.1%/SODA（100kg）+0.2%/XCD（200kg）+0.2%/SEAL-YT（堵漏剂）（200kg）+0.35%/PAC（350kg）95m³	无漏失
	E1	2537~2539 2533.5~2534.5 2526.5~2528 2521~2523	3%/KCl+0.1%/SODA（100kg）+0.2%/XCD（200kg）+0.2%/SEAL-YT（堵漏剂）（200kg）+0.35%/PAC（350kg）	无漏失

防漏失压井液随后在 Agadi-1、Agadi-2、Agadi-3、Agadi-4 等井使用，均获得较好的效果，为 Agadem 油区低压井修井提供技术支持。

2）异常高压地层高密度无固相压井液

KCl 压井液由于受配制浓度上限 1.15 的限制，在部分压力系数大于 1.15 的油气井作业中无法使用。油田后期引入 $CaCl_2$ 压井液，其配制溶液浓度能满足现场需求，但由于配伍性不良，引发结垢现象。

Agadem 区块共对 8 口井 9 个样品地层水样品进行分析，分析结果显示：地层水矿化度在 1106.66~2609.23mg/L 之间，水型为 $NaHCO_3$ 型，pH 值在 7.43~8.16 之间，采用 $CaCl_2$ 压井液结垢风险高。

现场用工业 $CaCl_2$ 配成的溶液，主要成分有 $CaCl_2$ 及少量 $CaSO_4$、$MgCl_2$、$NaCl$ 等，最高可加重至 1.40g/cm³。工业盐卤不仅含有大量的成垢阳离子 Mg^{2+}（38153mg/L），还含有成垢阴离子 SO_4^{2-}（2621mg/L），钙卤含有大量成垢阳离子 Ca^{2+}（194000mg/L），不经过改性直接作为修井液使用，必然会造成严重结垢（表 4.4、表 4.5）。

表 4.4　盐卤、钙卤六项离子分析结果

样号	总矿化度（mg/L）	$Na^+ + K^+$（mg/L）	Mg^{2+}（mg/L）	Ca^{2+}（mg/L）	Cl^-（mg/L）	SO_4^{2-}（mg/L）	HCO_3^-（mg/L）	CO_3^{2-}（mg/L）	水型
1.26 盐卤	298035	60450	38135	997	174059	526	453	373	$MgCl_2$
1.43 钙卤	587894	13620	3026	194608	366907	56	143	20	$CaCl_2$

表 4.5　改性处理技术可行性研究原理分析表

结垢机理	阻垢机理	阻垢方法	作用效果	可行程度
结晶析出	消除结晶产生的条件	螯合阳离子	避免成垢的阴、阳离子结合	阳离子量大，不可行
		去除阴离子		需专用设备，不可行
晶体生长	防止和抑制晶粒的正常生长（晶格畸变、晶体分散）	使用清洁卤水	减少晶核	控制卤水质量，可行
		加入分散阻垢剂	晶格畸变和晶体分散	有相应的化学剂可选，可行
沉淀吸附，形成硬垢	减少和阻碍结垢晶体在传热面上的黏附	清洗干净井筒	提高结垢壁面光洁度，降低沉淀物吸附	可行
		新油管		

对 $CaCl_2$ 溶液的改性主要是针对晶体生产这一环节，实验结果如下：

（1）图 4.1 左为 1.26$CaCl_2$+ 段一污水，严重结垢；1.26 改性 $CaCl_2$+ 段一污水，不结垢。

（2）图 4.1 右为 1.26$CaCl_2$+ 官一污水，90℃下结垢严重；1.26 改性 $CaCl_2$+ 官一污水，90℃下无结垢。

（3）图 4.2 左为 1.36$CaCl_2$+ 埕海联合站污水，严重结垢；1.36 改性 $CaCl_2$+ 埕海联合污水，不结垢。

（4）图 4.2 右为 1.40$CaCl_2$+ 滨 85 出口水，90℃下结垢严重；1.40 改性 $CaCl_2$+ 滨 85 出口水，90℃下无结垢。

改性后的 $CaCl_2$ 压井液完全可以满足异常高压地层修井作业对高密度压井液的需求。

90℃加热
4天后现象

图 4.1 1.26 $CaCl_2$ 改性实验对比图

钙卤+埕海联合污水

钙卤+GXJ1+埕海联合污水

钙卤+滨85污水

钙卤+GXJ1+滨85污水

图 4.2 1.36~1.40 $CaCl_2$ 改性实验对比图

第二节 井筒准备

一、洗井

洗井是指由于电测、下泵等特殊作业准备需要,在修井作业过程中,将清水或盐水由地面泵注设备经油管或钻杆注入,把井筒内的物质循环携带至地面,从而改变井筒内的介质性质达到作业要求的过程。洗井分为正循环洗井、反循环洗井和混合法洗井。

二、通井刮削

修井作业前,一般情况下要进行通井,以核实套管通径、检验井筒状况,要按照不同的工序选择不同尺寸的通井规,由此扫清后续作业的通道,防止修井工具入井后发生阻、卡。通井管柱下钻速度一般不超过 2m/s，如果发生阻、卡情况，不可强行下放管柱震击，须提出通井管柱，利用铅模等检测技术进一步核实井下情况。通井顺利，方可进行下一步作业施工。

套管刮削是下入带有套管刮削器的管柱，刮削器结构如图 4.3 所示，刮削套管内壁，清除套管内壁上的水泥、硬蜡、盐垢及炮眼毛刺

图 4.3　刮削器

等杂物的作业。套管刮削的目的是使套管内壁光滑畅通，为顺利下入其他下井工具清除障碍。下钻速度一般不超过 2m/s，到达刮削井段后开泵循环至井口返出正常，对刮削井段进行上、下反复刮削，至上提、下放悬重无特别显示，说明刮削完成，上提管柱。刮削器入井后，如遇阻，应反复活动管柱，快提慢下，直至通过。起钻时控制上提速度，以免发生突然卡钻，起出管柱后，要仔细检查刮削器有无伤痕，由此判断井筒状态。

第三节　冲砂

冲砂就是借助高速流动的液体把井底砂堵冲散，并随上返液流将泥砂带出地面，从而恢复油井正常生产及水井正常注水。

一、冲砂液

冲砂液是指用于冲砂的液体，可以是油、水、乳化液、气化液或泥浆等。有时为了防止对油层的损害，需要在冲砂液配方中添加表面活性剂。尼日尔 Agadem 油田一般用饱和 KCl 盐水溶液作为冲砂液。

冲砂液需要具有一定的黏度和密度，由此具备携砂能力，考虑到保护油层的目的，需要与地层流体保持良好的配伍性能，经济且取材方便。

二、冲砂工艺

1. 正冲砂

冲砂液从油管泵入，被冲散的砂粒由冲砂液携带从油套环形空间返出。随着砂堵冲开程度增大，逐渐下探油管。需要控制油管下放速度，以免油管扎入砂中造成憋压，在接单根或倒灌需要停泵之前，需要进行一段长时间循环，以免停泵砂子沉降造成冲砂管

柱的砂埋或砂卡。为增加冲砂液对沉砂的冲击力，有时在光油管下端安装喷嘴。

2. 反冲砂

冲砂液从油套环形空间泵入，将砂子和沉积物从油管返出地面的方法。反冲砂的冲击量小，但液流上返速度快，携砂能力强。

3. 正反冲砂

正反冲砂结合了正冲砂和反冲砂的优点，先用正冲砂方式冲散砂堵，使泥砂呈悬浮状态，然后迅速改用反冲砂方式，将泥砂带出地面。该冲砂方式可迅速解除较紧密的砂堵，提高冲砂效率（图4.4）。

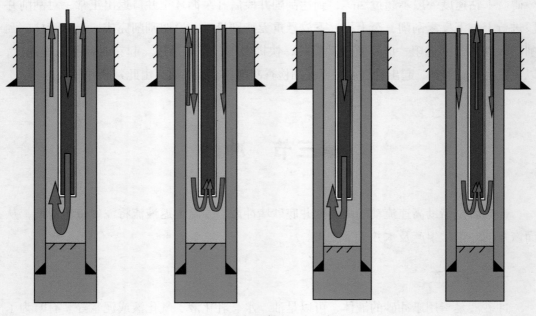

图4.4　典型冲砂工艺示意图

三、冲砂标准作业程序

（1）现场准备工作。按照施工设计，检查泵及液罐，连接地面管线，现场备有足够的冲砂液。

（2）设备试压。按照尼日尔沙漠油田现场作业操作规程进行设备及地面管线试压。

（3）探砂面。下放冲砂管柱探砂面，冲砂工具距储层上部30~50m时，放慢下放速度，开泵小排量循环，利用悬重判断，悬重下降表示遇到砂面。

（4）冲砂。上提管柱3~5m，提高排量，下放管柱冲砂至设计深度。出口含砂量小于0.1%，视为冲砂合格。

（5）复探砂面。上提管柱至储层顶部 30~50m，边上提边循环，停泵 4h 以上，下放管柱探砂面。

（6）记录参数。

第四节 电泵井检泵作业

截至 2020 年，尼日尔沙漠油田共有油井 75 口，人工举升方式均采用电潜泵。本节着重介绍电潜泵的工作原理、系统组成、地面控制、管柱结构、油田常见电潜泵检泵故障及标准作业程序。

电潜泵受各种不利因素（如砂、水、气的侵害等）造成生产效率下降甚至停产，或者由于生产条件的变化调整生产参数，这种消除故障或者调整生产参数而进行的作业称为检泵。

Goumeri 油田有油井 15 口，后备气源井 2 口，下电泵 14 口，电泵平均泵挂深度 2073m，平均排量 65m³/d。Sokor 油田有油井 22 口，全部为电泵井开采，电泵平均泵挂深度 1585m，平均排量 106m³/d。Agadi 油田有油井 31 口，均用电泵井开采，电泵井平均泵挂深度 1815m，平均排量 68m³/d。Sokor-SW 断块试采井 1 口，为电泵井举升方式，泵深 1602m，排量 59m³/d。Goumeri-W 断块试采井 6 口，为电泵举升方式，平均泵深 2164m，平均排量 69m³/d。

一、电潜泵工作原理及常见故障

电潜泵是由多级叶导轮串接起来的一种电动离心泵，除了其直径小、长度长外，其工作原理与普通离心泵没有多大差别：当潜油电机带动泵轴上的叶导轮高速旋转时，处于叶轮内的液体在离心力的作用下，从叶轮中心沿叶片间的流道甩向叶轮四周，由于液体受到叶片的作用，其压力和速度同时增加，在导轮的进一步作用下速度能又转变成压能，同时流向下一级叶轮入口。如此依次通过多级叶导轮的作用，流体压能逐次增高，而在获得足以克服泵出口以后管路阻力的能量时流至地面，达到石油开采的目的。

尼日尔 Agadem 油田电潜泵检泵常见故障主要有潜油泵轴断、电缆不绝缘、泄油阀打开、潜油泵阻卡、泵轴不灵活等。

二、电潜泵采油配套工艺技术

电潜泵采油系统由井下和地面两部分组成，如图 4.5 所示。

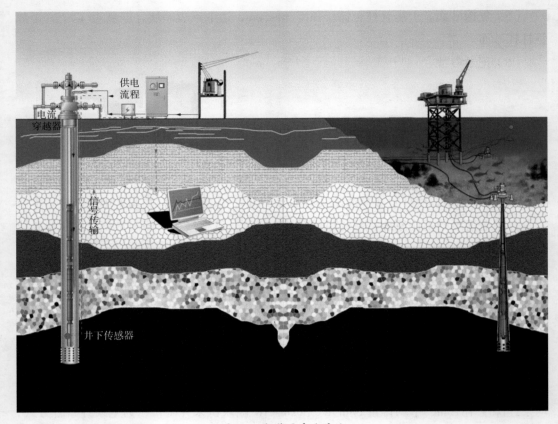

图 4.5　电潜泵采油系统

1. 井下系统组成及作用

电潜泵井下系统主要由电机、潜油泵、油气分离器、保护器、动力电缆、扶正器、单流阀、泄油阀、测压装置等组成（图 4.6）。

图 4.6　电潜泵机组

1）电机

电潜泵电机是电潜泵机组的原动机，一般位于管柱最下端。与普通电机相比，它具有机身细长的特点，一般直径在 160mm 以下，长度为 5~10m，有的甚至更长。潜油电机由定子、转子、止推轴承和机油循环冷却系统等组成。

2）潜油泵

潜油泵为多级离心泵，包括固定和转动两大部分。固定部分由导轮、泵壳和轴承外套组成；转动部分包括叶轮、轴、键、摩擦垫、轴承和卡簧。电潜泵分节，节中分级，每级就是一个离心泵，其结构组成如图 4.7 所示。

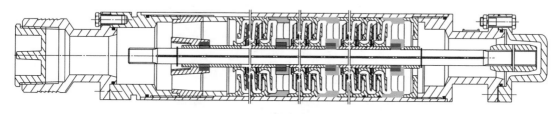

图 4.7　电泵配套工具示意图

3）气液分离器

气液分离器如图 4.8 所示。

4）保护器

保护器的作用是通过隔离井液和电机润滑油保护潜油电机。目前，国内外在潜油电泵机组中所使用的保护器种类很多，但从其原理来看，使用比较普遍的有两种，即沉淀式和胶囊式保护器。胶囊式保护器结构如图 4.9 所示。

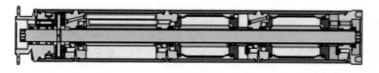

图 4.9　保护器结构

5）电缆

电缆包括动力电缆和潜油电机引接电缆。动力电缆分为圆电缆和扁电缆（俗称大扁），电机引接电缆只有扁电缆（俗称小扁）一种。无论动力电缆是圆电缆还是扁电缆，都由导体、绝缘层、护套层、编织层和钢带铠装组成。潜油电缆结构如图 4.10 所示。

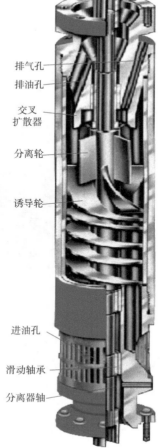

排气孔

排油孔

交叉
扩散器

分离轮

诱导轮

进油孔

滑动轴承

分离器轴

图 4.8　气液分离器结构

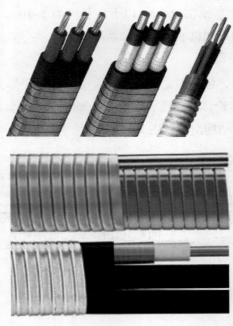

图 4.10　电缆结构

6）扶正器

扶正器主要用于斜井，位于电机尾部，使电机居中，并使电机外部过流均匀，散热环境好，防止电机局部高温而损坏，其结构如图 4.11 所示。

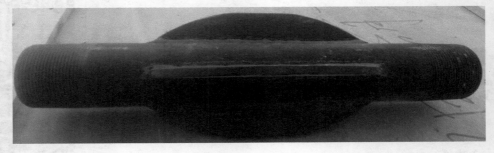

图 4.11　扶正器结构

7）单流阀

单流阀的作用主要是保护足够高的回压，使泵在启动后能很快在额定点工作，防止停泵以上流体回落引起机组反转脱扣，便于生产管柱验封。一般安装在泵出口 1~2 根油管处（图 4.12）。

8）泄油阀

泄油阀一般安装在单流阀以上 1~2 根油管处，它是检泵作业上提管柱时油管内流体的排放口，以减轻修井机负荷和防止井液污染平台甲板和环境。

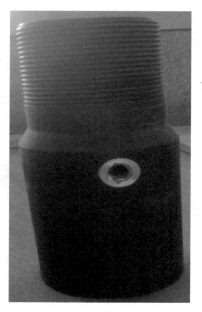

图 4.12 单流阀　　　　　　　　　　图 4.13 泄油阀

2. 地面系统组成

1）变压器

潜油电泵所用的变压器与普通变压器原理相同，常用的为空气自冷干式或自冷油浸式三相自耦变压器。其作用是将电网电压转为潜油电动机所需电压及照明、清蜡和控制系统所需电压（图 4.14）。

2）控制柜

控制柜是对潜油电泵机组的启动、停机及在运行中实行一系列控制的专用设备，可分为手动和自动两种类型。它可随时测量电动机的运行电压、电流参数，并自动记录电动机的运行电流，使电泵管理人员及时掌握和判断潜油电动机的运行状况（图 4.15）。

图 4.14 油田现场变压器　　　　　图 4.15 油田现场电泵地面控制柜

3）电潜泵井口

电潜泵井口一般为偏心井口，如图 4.16 和图 4.17 所示。

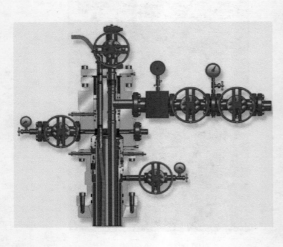

图 4.16　电泵偏心井口

图 4.17　现场电泵偏心井口

三、检泵标准作业程序

电潜泵井作业主要包括作业设计编制、作业前准备、检泵施工和作业验收等几部分内容。

施工过程包括热洗、压井、起原井管柱、通井、刮削、冲砂、连接井下工具、下管柱、装井口、试运转和交井等。

1. 作业设计编制

检泵作业前必须编写作业工程设计，并通过公司管理层审批。井上生产安排以作业工程设计指令为准，现场施工完全参照设计执行。

2. 作业前准备

（1）现场踏勘。修井服务商完成踏勘，甲方监督进行复查并签字确认。

（2）井场土建。对生产井场进行平整，满足修井机等地面作业设备展布条件。

（3）物资准备。根据作业设计，确认所需设备、工具和物资。

（4）修井机搬迁、安装。

3. 作业过程

（1）循环压井。

（2）拆采油树，安装防喷器，并对地面设备进行试压。

拆井口前，必须切断电源，并将井下电缆从接线盒的接线端子上拆下来。

（3）起原井管柱。

①起油管时，应随时注意指重表悬重，提升悬重不可超过正常悬重 12kN。

②起出电缆时，施工人员必须仔细检查记录电缆的损伤情况（打扭、变形、断、磨损、起泡腐蚀等）和位置，并做好标记。电缆应在滚筒上排列整齐，严禁电缆打扭、打卷。

③应剪断油管和机组上的电缆卡子。必须检查记录整个管柱上电缆卡子缺少的数量，由电泵服务商技术人员确定缺少原因和处理措施。

④卸下泵头以后，应盘轴检查整套机组转动的灵活性。

⑤拆卸过程中，应分别对各节泵、分离器、保护器、电动机进行盘轴检查和外观检查，如内部结垢、腐蚀情况，含砂情况和部件损坏情况等。

⑥拆卸电缆头时，应保证井液、水、杂质不进入电动机引线口和电缆头内。电缆和电机分开后，应分别测量电动机和电缆的绝缘电阻、直流电阻。测量完毕后，应及时给电缆头和电机引线口戴上护盖。

⑦拆电动机以前，应先从传感器或星点上的放油孔将电动机内的液体放出，若有水、油污或不干净的电动机油出现，则必须将其放干净。

⑧泵、保护器、分离器、电机、传感器在拆机组时，必须逐节拆开后下放装箱，严禁两节及两节以上连在一起下放装箱。

⑨起出设备进行评价和运回设备。

（4）通井、刮削、探砂面。

（5）洗井。

（6）连接组配井下工具。

①电动机检查。打开电动机运输护盖，进行盘轴检查，盘轴应轻快无卡阻。用兆欧表测量电动机绕组相间及对地的绝缘电阻，应达到规定的要求，新电动机绝缘电阻应大于 500MΩ。

②泵、分离器和保护器等的检查。泵、分离器和保护器等均应打开运输护盖，进行盘轴检查，盘轴应轻快无卡阻。

③电缆检查。卸下电缆头护盖，用兆欧表测量相间及对地绝缘电阻。电缆绝缘电阻应大于 500MΩ。对损坏电缆应立即修复，否则不可下井。

（7）下管柱。

①机组备件要逐节起吊下井，不能在地面上连接后再起吊下井。最后一节泵必须用提升短节安装，严禁先接到油管上后起吊下井。

②拆卸机组备件运输护盖时，要保护法兰面，保持干净清洁不受损伤。安装机组时，所有连接部位上的 O 形密封圈、阀体及丝堵的铅垫都必须更新。传感器、电动机、保护器之间的对接及电缆头与上接电动机的对接，必须保证对接法兰面清洁。

③随着机组逐节下井，对每一节电动机、保护器、分离器、泵都要随时盘轴，确保轴转动灵活，切忌花键套用错规格或放错方向。每完成一节机组连接程序和电缆头与电动机连接前后，都要测试电动机和电缆的绝缘电阻与直流电阻，并和下井前的测量数值相比较，如数值变化异常，必须查清原因并予以纠正，否则应停止施工。

④电动机保护器注油。

⑤相序检查。电缆头与电动机连接完毕后，应进行相序检查，保证开机时井下机组转向正确无误。

⑥电缆安装和下井。

电缆下井过程中，作业机起车、停车和运行操作必须平稳，必须有专人管理电缆滚筒。保护器和泵侧面的扁电缆及电缆护罩必须与机组中心线平行，并避开防倒块，扁电缆不允许有弯曲或缠在机组上。油管上的电缆必须与油管中心线平行，严禁电缆在油管上缠绕。每根油管应打两个电缆卡子，一个打在油管接箍上方 0.5m 处，另一个打在油管接箍下方 0.5m 处。严禁在电缆连接包上打电缆卡子，但应在电缆连接包上方 0.3m 和下方 0.3m 处各打一个电缆卡子。严禁电缆连接包和油管接箍重合。

严格控制下油管的速度，一般下油管速度不得超过 5m/min。下生产管柱时，每下10 根油管必须测量一次电缆的直流电阻和绝缘电阻，并与上次测量结果进行比较，发现数值变化异常，必须查明原因并消除异常。

潜油电泵机组一般都应下在射孔井段以上。在泵扬程及井筒条件允许范围内，泵挂深度一般为射孔段以上 50m 左右，保证泵长期有一定的沉没度，从而保证正常生产。

⑦安装单流阀和泄油阀。电潜泵井须安装单流阀和泄油阀。使用单流阀和泄油阀之前应予以检查，单流阀的阀芯、泄油阀的泄油销子和铅垫都必须更新。单流阀应安装在泵出口以上第 1 根油管接箍处，泄油阀一般装在单流阀以上第 1 根油管接箍处。

⑧拆防喷器，安装电泵井口。安装井口开剥电缆铠装时，不得损伤电缆绝缘。通过萝卜头的三根电缆线芯要包两层绝缘带，再涂上黄油后安装到四通内。井口安装完成后，必须对井口进行整体试压，试压至井口额定工作压力的 70%。

⑨试抽。对地电阻、直流电阻应达到规定要求，泵机组运行电流、电压达到正常要求。一般新井完井须试抽出 15m³ 纯油，停抽；老井检泵见纯油后即可停抽。

⑩交井。试抽成功后，与生产部交接，油井正常投产。

四、检泵作业案例

1. 油井基本信息

Goumeri W-5 井是尼日尔 Agadem 油田的一口定向开发井，完钻井深 2918m。采用7in 套管完井，套管下深 2899m（图 4.18）。原井钻台高度为 7.9m，油补距 7.04m。

作业目的：下射孔管柱，对（2455.3~2460.1m，2476.5~2478.8m）E3 储层进行射孔，下电泵至 2200m±5m，试运行，投产。

2. 施工步骤

（1）修井机搬家，地面设备安装。

（2）井口泄压，反循环压井。

放油压，油压从 10MPa 降至 0，放套压，套压 16MPa 不降；反循环压井，累计泵入密度 1.07g/cm³ 的盐水压井液 20m³，出口气、液间隔返出，出口液体密度 1.04g/cm³，判断压井液气侵。

反循环压井：泵入密度 1.07g/cm³ 的盐水压井液 12m³，排量 180L/min，泵压从 15MPa 涨至 19MPa，油压表显示 21MPa。

关闭节流阀 20min，待油管内气体向上置换，打开采油树节流阀内管柱排气，出口见气体单相流体及气液混合流体，油压由 21MPa 降至 17MPa，泵压由 19MPa 降至 15MPa。

环空放压，环空压力由 18MPa 降至 16MPa，出口见纯气，继续环空排气未完。

用密度 1.11g/cm³ 的盐水压井，挤入 1.5m³ 压井液，套压由 4.8MPa 涨至 19MPa 停泵，关闭套管闸门静置 15min，待气体向上置换，打开套管闸门排气。累计挤入压井液 11.5m³。期间配制密度 1.14g/cm³ 的 KCl 压井液 45m³。

关闭套管闸门静置 15min，待气体向上置换，套压 1.5MPa 打开套管闸门排气至套压降为 0，油压 3MPa 放压至 0。

正循环密度 1.14g/cm³ 压井液 47.5m³ 至进、出口液性一致，泵压由 5MPa 降至 3MPa，排量 230L/min。循环期间待环空气体排净后，监测漏失 1m³ 压井液。

油、套闸门均打开，观察出口 30min，油、套出口均无溢流显示，环空灌液显示无漏失。

（3）拆采油树，安装防喷器及简易钻台，防喷器试压。

（4）上提油管挂，起原井电泵管柱。

上提油管挂，悬重 150kN 提出油管挂。做起电泵管柱剪电缆关井防喷演习，拆甩油管挂。

起原井电泵管柱：起 2⅞inEUE 油管 20 根及电缆。做起电泵管柱剪电缆关井防喷演习。继续起钻：起 2⅞in EUE 油管 214 根 + 电泵机组及电缆，累计起 2⅞in EUE 油管 234 根，起电泵管柱完。

（5）下刮削管柱刮削套管。

下刮削管柱：下 2⅞in EUE 油管 74 根 +2⅞in EUE 油管 117 柱 +7in 套管刮管器 +1 根 2⅞in EUE 油管，于 2876.55m 探得人工井底，钻压 30kN，探底 3 次。

（6）管输射孔作业。

地面丈量核对射孔枪及同位素标记以下 2 根油管数据，召开下射孔枪前安全会。

下射孔管柱：下 $2\frac{7}{8}$in EUE 油管 130 柱 + 同位素标记 +$2\frac{7}{8}$in EUE 油管 2 根 + 油管短节 + 筛管 + 点火头 +TCP 射孔枪。进行下钻过程中溢流防喷演习。

校深，投棒射孔。反循环洗井 46m³，漏失 5.5m³，泵压 1MPa，排量 500L/min，压井液密度 1.14g/cm³。

校正井架，起管柱，射孔枪发射率 100%。

（7）下电泵管柱，试抽，完井。

下电泵管柱：下 $2\frac{7}{8}$in EUE 油管 114 柱 +1 根 $2\frac{7}{8}$in EUE 油管 + 泄油器 +$2\frac{7}{8}$in EUE 油管 1 柱 + 单流阀 +$2\frac{7}{8}$in EUE 油管 1 柱 + 电泵机组，内管柱试压 7MPa/10min 不降，合格。

更换油管挂穿越器，接穿越器电缆，坐油管挂于油管头，泵挂深度：2190.96m，拧紧油管头顶丝。

拆简易钻台、拆防喷器组，取出油管挂内背压阀，安装采油树，采油树试压合格，电泵试抽，电泵运转正常，完井。

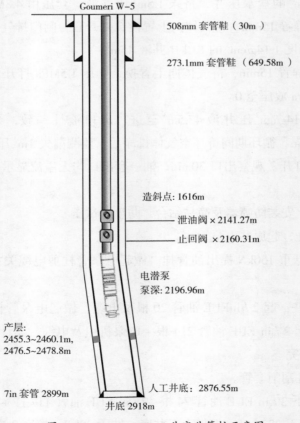

图 4.18　Goumeri W-5 井完井管柱示意图

第五节 注水作业

一、注水方式

Agadi 油田目前有注水井 3 口，均采用笼统注水工艺。其中，Agadi-10 井日配注 1200bbl。Agadi-7 井日配注 1000bbl。Agadi-13 井日配注 800bbl，于 2017 年 4 月 26 日投注（图 4.19）。

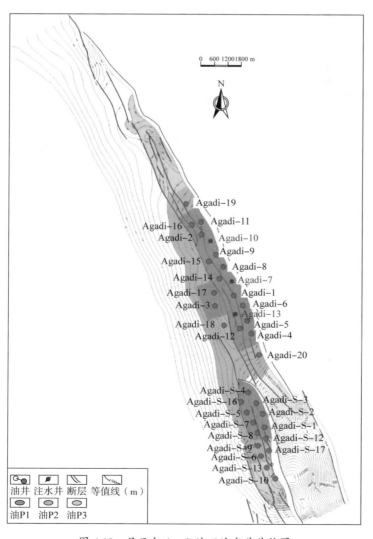

图 4.19 尼日尔 Agadi 油田油水井井位图

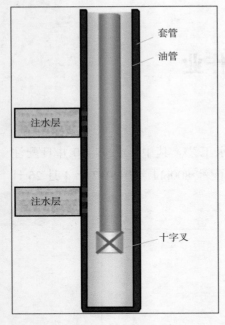

图 4.20　油田笼统注水管柱

二、注水管柱

尼日尔沙漠油田目前采用笼统注水管柱。笼统注水管柱主要用于不需要开展分层注采的注水井中，是注水管柱中最简单的一种。

笼统注水管柱主要由光油管和喇叭口构成，如图 4.20 所示。

三、注水投注程序

注水投注程序为排液、洗井、试注和转注。

1. 排液

注水井在投注前，通常要经过排液，目的在于清除油层内的堵塞物，在井底附近造成低压带，为后期注水创造有利条件。对未投产而急需转注的新井，其排液量最少要排出井筒容积的两倍以上的液体，方可转注。尼日尔沙漠油田目前的注水井均为油井转注，油井已经历生产过程，转注前无须再进行排液工作。

2. 洗井

注水井在排液之后还需进行洗井，洗井的目的是把井筒内的沉积物、泥砂等循环出井，避免注水时炮眼或油层堵塞，影响试注效果。

3. 试注

试注的目的在于确定能够将水注入油层，并通过开展水井测试，获取油层吸水启动压力和吸水指数等资料，后期转注根据配注量确定合理注入压力。试注效果好，可直接转注；如果效果不佳，则要进行酸化、压裂等增注措施来提高水井注入能力。

尼日尔沙漠油田现场注水方式一般采用油管正注水。试注时按照正注水流程，在配水间根据配注量选择大小合适的注水挡板并安装好，在配水间控制上流闸门改正注水，开闸门时操作要平稳、缓慢，逐步提高注入量和注水压力。

注入量稳定后，开展吸水剖面测井，尼日尔沙漠油田目前采用五参数组合测井仪测吸水剖面，获取注水井段的温度、自然伽马、流量、压力、深度等参数曲线，综合确定注水井吸水情况。

4. 转注

1）转注注意事项

（1）注水井的井筒所承受的压力较高，因此，油井转注水井前，必须对井身结构进行检查，不能将套管漏失、断裂、严重变形、井壁坍塌、管外窜槽等存在井身完整性问题的油井作为转注备选井。

（2）转注前，注水井地面配套工程作业需完善，注水管线要提前铺好，保证通畅无阻；计量仪表要安装到位，保证水井试注合格后能马上转注。

（3）注水井要求有稳定的水源，水量充足、水质稳定。尼日尔沙漠油田选择油田采出水作为注水水源，该水质偏碱性、硬度低、含铁少、矿化度高。经 CPF 处理后，通过注水泵及管线回注回地层。

2）转注标准作业程序

转注作业内容主要包括编写作业设计、现场准备、转注作业和作业验收等。施工过程主要包括压井、拆井口更换防喷器，起原井管柱、通井、刮削、冲砂、连接井下工具、下管柱、替喷、装井口、洗井、试注和交井等。

（1）编写作业工程设计。

转注作业前，必须编写作业工程设计，并通过公司管理层审批，方可开始进行作业。

（2）修井机搬家。

（3）压井。

转注井对压井液性能及压井时的操作要求都比较严格，整个施工过程要做到保护油层，尽量减少对油层的伤害和污染。

尼日尔沙漠油田油井转注时地层压力系数一般为 0.6~0.8，压井液采用清水或 KCl 溶液作为压井液。由于井深较浅且井下管柱不安装封隔器，因此采用常规正循环压井法，减少压井液漏失对油层的侵害。

（4）拆采油树，安装防喷器。

（5）修井机起出原井生产管柱。

（6）套管通井、刮削，清除套管壁上的死油和结蜡。

（7）下笼统注水管柱，注水管柱深度应在射孔段顶界以上 10~15m。

（8）若压井液为盐水，下入注水管柱后，加深油管，用井筒容积 1.5~2 倍的清水替出压井液，直到井口返出清水，起出加深油管，油管的完成深度应在射孔井段顶界以上 10~15m。替喷的目的是保证试注时不把脏水注入地层。

（9）拆防喷器，安装注水井口，修井机搬家。

（10）与生产部交接，交井。

替喷合格后，将井交给采油厂。由采油厂组织进行后续试注工作。若注水井因注水压力高而无法实施注水，再等待油藏开发部门指令，开展后续增注作业。

四、注水作业案例

1. 作业概述

Agadi-7 井位于尼日尔沙漠油田，是 2014 年 5 月 23 日开钻的一口定向开发井，井深 2644m，垂深 2232m。于 2014 年 6 月 20 日完井，完井套管为 7in 套管，下深 2529.63m，造斜点为 600m，人工井底 2517.95m，电泵下深 2001.61m，于 2015 年 3 月 31 日下泵投产（图 4.21、图 4.22）。

本次作业目的为将该油井转为注水井。施工步骤为起出原井生产管柱，探人工井底，下入注水管柱，开展注入测试，记录初始压力及注入量与压力曲线。

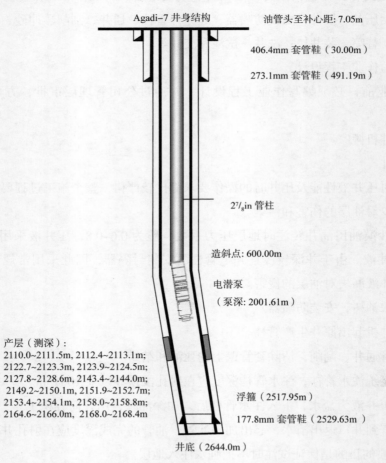

Agadi-7 井身结构

油管头至补心距: 7.05m

406.4mm 套管鞋（30.00m）

273.1mm 套管鞋（491.19m）

$2^7/_8$in 管柱

造斜点: 600.00m

电潜泵
（泵深: 2001.61m）

产层（测深）:
2110.0~2111.5m, 2112.4~2113.1m;
2122.7~2123.3m, 2123.9~2124.5m;
2127.8~2128.6m, 2143.4~2144.0m;
2149.2~2150.1m, 2151.9~2152.7m;
2153.4~2154.1m, 2158.0~2158.8m;
2164.6~2166.0m, 2168.0~2168.4m

浮箍（2517.95m）

177.8mm 套管鞋（2529.63m）

井底（2644.0m）

图 4.21　Agadi-7 井原井电泵生产管柱

2. 施工步骤

（1）修井机搬家，设备安装。

（2）反循环洗井，拆井口，安装防喷器。

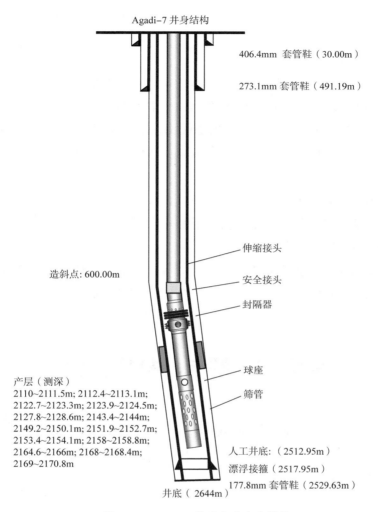

Agadi-7 井身结构

406.4mm 套管鞋（30.00m）

273.1mm 套管鞋（491.19m）

造斜点：600.00m

伸缩接头

安全接头

封隔器

球座

筛管

产层（测深）
2110~2111.5m; 2112.4~2113.1m;
2122.7~2123.3m; 2123.9~2124.5m;
2127.8~2128.6m; 2143.4~2144m;
2149.2~2150.1m; 2151.9~2152.7m;
2153.4~2154.1m; 2158~2158.8m;
2164.6~2166m; 2168~2168.4m;
2169~2170.8m

人工井底：（2512.95m）

漂浮接箍（2517.95m）

177.8mm 套管鞋（2529.63m）

井底（2644m）

图 4.22　Agadi-7 井注水井完井管柱

接反洗管线，用 1%KCl 溶液 75m³ 反洗井，泵入 33.5m³ 后出口返液，返出原油及油水混合物 30m³，泵压 1~9MPa，排量 600~180L/min，停泵观察 30min，无异常。拆采油树，安装封井器，封井器试压合格。

（3）起原井电泵管柱。

油管挂连接旋塞及短接，上提至 22t 起出油管挂，拆卸穿越器，起出 $2\frac{7}{8}$in 油管 212 根 + 电泵组，检查 56 根油管内壁结蜡，电泵组其他连接位置均含有部分稠油。

（4）通井，刮削套管。

下 152mm 通井规 +$2\frac{7}{8}$in EUE 油管 144 根 +$3\frac{1}{2}$in EUE 油管 120 根，末根方入 6.10m 探底，钻压 2t，探底深度 2479.13m；起管柱。

下 7in 刮管器 +$2\frac{7}{8}$in EUE 油管 144 根 +$3\frac{1}{2}$in 油管 90 根，刮削坐封位置 3 次，刮

削井段 2030~2060m，反循环洗井，压井液密度 1.005g/cm³，泵压 4~5MPa，反洗深度 2002.5m，起出刮管管柱。

（5）下注水管柱。

注水管柱：下喇叭口 + 滑套 + 封隔器 + 安全接头 +3¹/₂inEUE 油管 220 根。连接油管挂并将油管挂坐入油管四通，接反洗管线，反循环洗井，洗井液用量 100m³，泵压 4~5MPa，排量 550~600L/min，反洗深度 2083.07m，油管内投球，静置 30min，分级打压 5~19MPa，分别间隔 15min，使注水封隔器坐封于 2043.69m，环空验封 10MPa，合格。

（6）拆防喷器，安装注水井口。

拆简易钻台及附件，拆封井器，装采油树并试压合格。

（7）水井试注。

油管内注水 50m³，分别在泵压 13.2MPa、13.7MPa、14.5MPa、15.2MPa、15.7MPa 下计量注入参数，绘制压力曲线图，初始注水启动压力 12.10MPa。

第六节　解卡、打捞作业

解卡打捞工艺技术是一项综合性的修井工艺技术。尼日尔沙漠油田常见的解卡打捞作业，多是指发生在套管井内，由于落物而造成的管柱遇阻、遇卡，而需要采取的一种处理井下复杂情况的技术手段。

一、井下落物种类及危害

1. 落物的种类
按落物名称性质划分，井下落物类型主要有管类落物、杆类落物、绳类落物和小件落物。

（1）管类落物的打捞：如油管、钻杆、冲管、封隔器、套铣管及各种接卸防砂管等。

（2）杆类落物：如抽油杆等。

（3）绳类落物：如测试钢丝、射孔电缆等。

（4）小件落物：如钢球、钳牙、牙轮、螺丝等。

2. 落物的危害
井下落物的危害包括：

（1）缩短沉砂口袋，使油井免修期缩短。

（2）堵塞油层，直接影响油井正常生产。

（3）妨碍增产措施的进行。

（4）迫使油井侧钻或做报废处理。

二、现场简单打捞作业

简单打捞就是修井作业中打捞一些小物件、落绳、管类落物的施工作业。

1. 小件落物打捞

打捞小件落物常用工具：在打捞井下落物的作业过程中所采用的工具统称为打捞工具，打捞小件落物的工具种类繁多，有一把抓、反循环打捞篮、磁力打捞器等。

小件落物打捞工具包括：

（1）反循环打捞篮专门用于打捞小件落物如钢球、钳牙、螺母、胶皮碎片等井下落物。

（2）一把抓，多为自制打捞工具，与反循环打捞篮类似，也用于打捞小件落物，但与反循环打捞篮不同的是，一把抓一般是一次性的，再次使用需要另行制作，不可重复使用，可以打捞的小件落物可以比较大，如牙轮钻头巴掌等，使用一把抓，因需要加压，所以要求井底不能太软，否则无法将爪压弯，从而无法捞中落物。

（3）打捞小件落物的工具还有随钻打捞杯、强磁打捞器等。随钻打捞杯所能打捞的落物更小一些，一般不用于专门打捞，强磁打捞器也只能打捞可磁化金属落物。

2. 绳缆类落物打捞

随着油田开发速度的加快，油（水）井的井况愈来愈复杂，如井筒结垢、套管腐蚀穿孔、井下落物等，给井下作业带来诸多不利。由于绳类落物具有细长、柔软、易滑脱、容易收缩变形的特点，因此在打捞中不易被捞获，看似简单，实际打捞还有相当的难度，也需要一定的技巧。下面就绳类落物打捞工艺技术进行探讨、研究。

绳类落物种类：油田常见的绳类落物有钢丝绳、电缆等细长而体软的落物。

1）油管内打捞抽汲钢丝绳

抽汲钢丝绳落入油管内打捞的方法比较简单，就是起油管，当发现钢丝绳断头后先将钢丝绳卡紧、卡稳，结好上提扣子，活动上提解卡。如解除则先起出抽汲钢丝绳及抽子并记录遇卡位置，分析遇卡原因。如果活动上提不能解卡时，可采用起出一根油管，抽出一段抽汲钢丝绳，在抽出抽汲钢丝绳前，必须将钢丝绳卡牢在一个牢固的地方，以防抽汲钢丝绳下滑，打伤操作人员。

2）套管内打捞抽汲钢丝绳

抽汲钢丝绳落入油井套管内打捞是一项很关键的工艺。在套管内打捞抽汲钢丝绳的具体方法：从地面判断钢丝绳落井位置。用起出的油管长度计算钢丝绳在井内油管上部的深度，然后选择打捞工具。

打捞工具包括：

（1）单壁外钩打捞。

其管柱组合由下至上：单壁外钩＋调整短节（4~5根）＋半球型挡板（直径小于套管内径）＋管柱＋油补距。

（2）双壁内钩打捞。

其管柱组合由下至上：双壁内钩＋调整短节（4~5根）＋半球型挡板（其最大外径应小于套管内径）＋管柱＋油补距。

3. 管类落物打捞

打捞管类落物的常用工具有公（母）锥、滑块打捞矛、各种管类打捞筒与捞矛等。

管类落物打捞操作步骤：

（1）丈量打捞油管长度，核实鱼顶井深、打捞方入。

（2）选择打捞工具，下打捞管柱探鱼顶。

（3）结合所用打捞工具进行打捞。

（4）试提，如拉力计读数明显增大，说明已经捞获，则平稳上提管柱，捞出落物。如拉力计读数无明显变化，则上提管柱至鱼顶以上，再次打捞。

（5）如捞获后遇卡，则进行解卡或倒扣，起出打捞管柱，再研究下一步方案。

4. 杆类落物打捞

打捞杆类落物的常用工具有抽油杆打捞筒、组合式抽油杆打捞筒、活页式捞筒、三球打捞器、摆动式打捞器、测试井仪器打捞筒等。

杆类落物打捞操作步骤：

（1）下铅模打印，以便分析井下鱼顶形态、位置。

（2）根据印痕分析井下情况及套管环形空间的大小，选择合适的打捞工具。

（3）按操作程序下打捞工具进行打捞。

（4）捞住落物后即可活动上提。当负荷正常后，可适当加快起钻速度。

三、电泵机组解卡、打捞工艺

尼日尔沙漠油田最为常见的复杂打捞工艺为电泵机组解卡打捞作业。打捞电泵机组的处理原则一般为能捞则捞，辅助钻磨，打捞与磨铣配合施工。在整体打捞电泵机组无效的情况下，采取磨铣钻套的方法，把电泵机组分解。

1. 常见电泵卡阻类型

电泵井卡阻大致分为电缆脱落堆积卡阻和电缆未脱落的其他卡阻（砂、蜡、小物件、套损卡）两种类型。

1）电缆脱落堆积卡阻电潜泵

在更换电潜泵的起管柱作业中，由于电缆不能与管柱同步，或者在开始活动管柱时，上提负荷过大而拔脱油管，同时也将电缆拔断，使电缆脱落堆积，造成电缆堆积卡阻电潜泵。

2）电机、泵组砂卡

由于油层吐砂严重，将机泵组以下的工艺尾管砂卡，砂埋或出砂上返而将机泵卡埋，造成整个工艺管柱遇卡阻，不能正常起管柱、换泵、调参等。

3）死油、死蜡卡阻机泵组

由于电潜泵处在油井结蜡点以下深度位置，有些油田原油含蜡量较高，最高的可达 25% 以上，蜡的析出温度又较低，往往低于 35℃。这些集结析出的死蜡、死油长时间集聚变成较硬实的蜡块而阻卡机泵组。

4）小物件卡阻机泵组

小物件卡阻电潜泵也是油田较常见的故障类型，小物件一般常指掉入环空的螺栓、螺母、电缆卡子等，虽然物件小，但由于电潜泵外径较大，与套管环形空间间隙很小，特别是电机的侧向凸出与电缆连接处，工作外径更是较大，这种小物件一旦落入环空，将使机泵组严重受卡阻。

5）套管破损卡阻电潜泵

于电潜泵的机组处或机泵组以上某处的套管变形，错断、内凹型破裂等多种形式的套损，使机泵组的工艺管柱受卡阻而拔不动。

在以上五种卡阻类型中，第四种、第五种两种类型属多见、常见型，卡阻复杂，处理起来较麻烦，施工难度相对较大，施工周期相对较长。

2. 电泵解卡打捞方法

电缆堆积卡阻的解卡打捞：先分段处理，即倒出一段油管，再打捞电缆。

电缆脱落堆积，一般呈螺旋状沿油管柱盘落在套管内壁上，遇阻后，首先在顶部堆积，井内无油管时，堆积状况也大体相同。对于这种堆积卡埋机泵组的井况应采取以下措施：

1）井内有油管情况下，电缆堆积处理

连接井口与地面流程，循环工作液，确认油管无堵塞时，采取切割油管或倒开油管的办法，将油管尽量由泵组以上泄油阀处割断或倒开，之后正旋管柱 10~20 圈使上部上紧，以免起油管时脱落，然后起出油管柱，打捞电缆。

2）井内无油管柱时，电缆堆积处理

对完全在套管井眼内的电缆脱落堆积，应优先使用专用电缆捞钩打捞，打捞工具的使用原则：下得去，抓得着，起得出，有退路，不增加新的落物。

打捞相对松散的电缆，较理想的打捞工具是活齿外钩，其次是常规的内钩、内外组合钩、壁钩等钩类工具。

当打捞压实的电缆时，应先用螺杆锥钻长孔，直径应与活齿外钩相近或稍大于外钩1~2m，然后再下相应的活齿外钩打捞。如能特制加工一种铣钻式活齿外钩，则可集钻铣打捞于一趟管柱完成。

3）电缆未断脱状态下，电泵机组打捞

电潜泵机泵组遇卡阻后，油管未拔断脱，电缆尚处于原下井状态时，应采取切割油管、电缆同步起出的措施，然后再打捞处理余下的电缆、泵组。

（1）卡点检测。

卡阻点深度检测对于处理电潜泵故障有非常重要的作用。它可以为一次能取出多少管柱、电缆提供依据。同时，也可判断卡阻类型，为综合处理措施的制定提供依据。卡点检测一般常用公式计算法和测卡仪器测卡法进行。

（2）取出卡点以上管柱、电缆。

根据得到的卡阻点深度，用聚能切割弹爆炸切割卡点以上管柱。无切割弹时，可优先使用油管内割刀机械切割油管，然后可考虑采用倒扣法倒出卡点以上油管。但后两种方法不能使电缆造成伤害，割断或倒开油管后，电缆的拔断位置不能确定，所以应首选聚能爆炸切割油管。在切割时，给油管柱一预上提力，爆炸后的残余能量会从断口处给电缆一定的伤害，上提管柱时，基本可以从油管切口处将电缆拔断，这样则可同步起出油管与电缆，节省大量打捞的时间，然后处理打捞余下的电缆和机泵组。

（3）震击解除砂、蜡、小物件卡阻：卡阻点以上油管、电缆同步起出后，下打捞震击组合管柱，对卡阻施以震击，解除砂卡和死油、死蜡卡阻。

①上击解卡：管柱结构为钻杆柱、配重钻铤液体加速器、配重钻铤、液压上击器、可退式打捞工具。

②下击解卡：管柱结构为钻杆柱、配重钻铤、开式下击器或润滑式下击器、可退式打捞工具。对于死油、死蜡的卡阻，可在油管柱切割完后向井内循环高温洗井液，一般用清水时温度应在80℃以下，用火油等清洗死油、死蜡时，温度应不低于60℃，也可将热水油提前3~5天挤入井内浸泡解卡。对于砂卡、小物件卡阻，震击效果往往较理想。

四、打捞作业注意事项及程序

1. 打捞的基本原则

（1）打捞过程中要确保油、气、水层不受二次污染与破坏。

（2）不损坏井身结构（套管与水泥环）。

（3）处理事故过程中必须使事故越处理越容易，而不能越处理越复杂。

2. 打捞作业的规程与要求

1）自制特殊打捞

工具要安全可靠，防止应力集中和退火，保证打捞工具强度，达到进可捞获，退可释放，不损坏套管，不导致卡钻的目的。新购工具必须经过检验，说明书、合格证应齐全。

2）验证鱼顶

（1）通井、刮蜡、冲砂。

（2）下印模前，应认真检查印模质量，以保证其质量合格。

（3）打印时悬重下降不得超过 10~20kN，不得两次下击。

（4）通过其他方法获得的鱼顶和套管情况应真实、准确。

（5）当鱼顶以上套管有问题时，修理套管后再打捞，以便工具能顺利下到鱼顶位置，并能正常作业。

（6）如鱼顶被破坏时，应先修整鱼顶，使其具备打捞条件。

（7）如鱼顶上部油层出砂，应将沉砂冲净，如出砂严重，应在采取防砂措施后再打捞。

3）钻柱组合及工具选择

（1）根据需要选择钻具组合。

（2）根据印模情况选择合适打捞工具。

（3）检查工具是否合格，绘制示意图，并标明各部规范、扣型等。

（4）下井前，先进行地面试验，保证活动部件灵活、可靠，能顺利完成打捞作业。

（5）最大外径一般应小于套管内径 6mm；

（6）当套管内径较大时，为防止工具插入鱼旁（如公锥、捞矛），应戴筒式引鞋。

4）打捞

（1）第一次打捞前，应有印模资料，以便选择合适的打捞工具。

（2）当工具下至鱼顶上部 1~2m 时，开泵冲洗，并逐步下放工具至鱼顶，观察泵压和悬重变化，判断打捞情况。捞上落物后，试提并上下活动管柱，必须有专人指挥。

（3）每次打捞过程中，应有相应的安全措施，避免将鱼顶破坏，防止事故复杂化。

（4）每次打捞完成后，应检查工具是否完好，并详细记录，工具如有损坏，应分析原因、研究措施并更换工具。

（5）管柱遇卡需要进行倒扣时，应测出卡点位置，根据卡点深度确定倒扣载荷。

（6）如需要震击解卡，下击时，上提管柱行程不超过 1.5m，下放速度以钢丝绳不跳槽、吊卡不顿井口为原则，速度应快。上击时，以液压上击器调试后的震击力为基准，确定上提载荷、行程，震击发生后，停 2~3min 后下放钻具，重复上提震击。

（7）倒扣时，转盘补心固定牢靠，防止飞出伤人。

（8）禁止人工倒扣。

（9）捞取落物后起钻，其上提负荷必须控制在打捞工具安全负荷内，避免再次出现事故，不许用转盘卸扣。

（10）起下钻操作应平稳，防顶、防顿，不猛提、不猛放；起出工具，检查捞获情况并制定下步措施，直至捞获全部落物。

5）资料录取

（1）打捞工具名称、规格、长度、打捞深度及循环冲洗情况，造扣和倒扣打捞情况，捞出落物名称、规格、长度、数量及打捞过程中发生的现象等，下井工具应绘有结构示意图，打印应有印痕描绘图。

（2）井下仍有落物时，应有示意图，并注明落物名称及各部规格、长度、鱼顶深度、形状、连接关系等。

（3）其他应取资料按有关规定要求录取。

第七节　复杂天然气井修井作业案例

一、气井概况

在开发过程中发现 Goumeri 断块油层伴生气丰富，天然气产量高，可为电厂发电以及 CPF、FPF 的供热提供稳定气源。比如，该区块 Goumeri-16 井原本是油井，随着开发时间的延长，其伴生气比率不断升高，最后转成气井生产（表 4.6）。

表 4.6　Goumeri-16 井典型生产数据表

时间	产层深度 （m）	油管压力 （psi）	套管压力 （psi）	产油 （bbl/d）	产气 （10⁶ft³/d）	含水 （%）	累计产油 （bbl）
2012-12-23	E3：2642.6~2645.7； E3：2652.3~2656	348	1450	888	2039	0.1	15708
2013-2-18	E2：2536~2543 E2：2559.5~2562	392	2465	502	2917	1.5	25899

气源井作为电力的保障，是生产、生活的动力源头，保障生产运行，因此要求修井作业时间尽量短，作业后能够迅速恢复产能；此外，气井产量高，导致压井困难，为修井作业提出了新的挑战。

二、典型井施工案例

1. 基本井况

Goumeri-16 井于 2012 年 11 月 4 日完井，为 7in 生产套管完井，下深 2713.16m，该

井于 2012 年 12 月 10 日投产，层位 E3，射孔层段 2642.6~2645.7m 和 2652.3~2656.0m，初始产油量 930.13bbl/d，随后产量快速下降，于 2013 年 1 月 22 日因不排液停井，随后将该层打桥塞封堵，桥塞位置 2631m，改 E2 层投产，射孔层段 2536~2543m 和 2559.5~2562m，日产油 1133bbl，日产气 2917MCF，产油递减迅速，并将该井转为气井生产（表 4.7）。

表 4.7 Goumeri-16 井基础数据表

井名	井类别	井型	地面海拔（m）	钻台面高度（m）	垂深（m）	完钻时间	完井时间
Goumeri-16	生产井	直井	387.333	394.833	2720.00	2012-10-05	2012-11-04

转气井时，发现 1# 生产主阀无法打开，随即用套管采气，经套管四通 8# 套管闸门到两翼生产阀后经出口 9# 节流阀进入地面管汇。四通 8# 套管闸门刺漏，套压为 18.5MPa，关闭油管四通左翼 2#、3# 平板阀后，油套处于不连通状态，2016 年 8 月油压保持在 14MPa，1# 生产主阀刺漏。因此，决定对该井开展压井，更换井口阀门修井施工（图 4.23）。

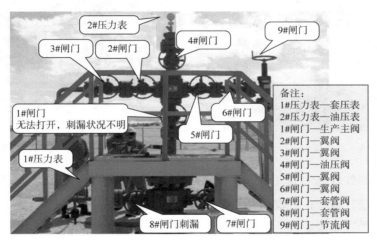

图 4.23 Goumeri-16 井井口阀门状态图

2. 施工难点

本井油嘴为 7mm 开度时，油套同采瞬时产量高达 9000m³，井口油压、套压均为 18MPa。该井气量大、井口压力高，由于采油树主闸门损坏无法进行正常开关作业，能否成功压井成为保障施工安全和成败的关键。

8# 套管闸门刺漏，无法完全关闭，作业前用焊接管线与油管闸门连接；由于无法确定它的承压强度，所以压井作业最高泵压不能超过 18.5MPa。在成功压井后，更换套管闸门（8#）过程中，整个井口处于完全无控制状态，且该井产气，必须在短时间内完成施工。

图 4.24　压井液密度检测

3. 施工前准备

1）作业材料准备

现场准备充足的压井材料，配制密度为 1.08g/cm³ 的压井液 90m³（图 4.24），后期循环堵漏剂准备就位。

2）工具及配件准备

更换闸门要使用的铜制工具摆放到位，随时取用（图 4.25）。

将采油树及地面管线全部按标准试压。将需要更换的主阀门及套管闸门等配件清理干净，摆放待命（图 4.26）。

图 4.25　工具摆放

图 4.26　备用阀门配件

固定地点摆放好逃生氧气面罩、有毒有害气体泄漏检测装置及消防设施。对现场的所有防爆电器进行检查；对现场参与作业的设备的防火帽进行检查确认。在高压作业区域设警戒带，严禁非作业人员接近和作业人员跨越（图 4.27、图 4.28）。

图 4.27　放置在紧急集合点的 SCBA

图 4.28　井口排风风扇

4. 施工过程

1）试开、关主阀门，确定主阀门的状态

缓慢将油管闸门打开，将套管压力作用在主阀门的闸板上，使得主阀门闸板的上下压力处于平衡状态，用 36in 的管钳试开主阀门，无法活动；用 36in 的管钳试关主阀门，无法活动。

2）防喷

缓慢打开采油树节流阀，将压力传递至测试油嘴管汇处，油嘴管汇压力显示 18.5MPa，打开 2#、3# 采油树闸门使油套连通，用 6.35mm 固定油嘴放喷求产，井口压力 2609.7~2015psi，井口温度 30.9~33.0℃，分离器压力 113.6~191.3psi，气产量 96844~97412m³/d，天然气比重 0.69，无硫化氢，火焰高度 6~7m（图 4.29）。

图 4.29　气井现场点火

3）加装套管闸门

关闭油管闸门，对套管闸门进行多次试开关，压力表内圈闭压力泄压，套管压力归零，观察，尝试打开套管闸门（刺漏一侧的闸门），有少量的气体溢出；拆除油套之间焊接的连接管线，更换闸门，用时 20min。

4）压井

压井全程用水泥车，在水泥车至井口的高压管线上安装单流阀。试压完成后，先启动水泥车往压井管线及井口方向缓慢打入 1.08g/cm³ 的 KCl 压井液（未添加任何增黏剂），直到泵压缓慢升至 17.5MPa（这个压力也是此时的套管压力），停泵但泵车压力不泄。缓慢增加节流阀的开度，逐步让节流管汇上的节流阀控制井口放喷，稳定放喷并观察几分钟，然后逐步增加节流管汇上节流嘴尺寸至 24mm。

用固井泵车向套管内泵入密度为 1.08g/cm³ 的压井液 55m³，出口通过可调油嘴管汇放喷，泵压由 2600psi 归零，套压由 2600psi 归零，油压由 1045psi 归零，排量 100~550L/min，观察出口无异常，压井成功。

5）拆换采油树

更换主阀门；套压归零后，油管出口见纯液；套管继续小排量注入压井液，保持泵压 2MPa，开始拆卸采油树主阀门以上部分，快速抢装井口主阀门，用时 15min 完成主阀门的抢换，油管见少量气体溢出，将更换的主阀门关闭，停止套管注入压井液。检查连接螺丝的紧固状态，安装采油树，整个工作结束。

第五章 Agadem 油田井筒封堵工艺技术

封堵工艺是油田开发过程中应用较多的综合性修井技术。尼日尔沙漠油田封堵作业包括挤水泥封堵窜层或无效层、套管内水泥塞封隔或桥塞封层上返试油、桥塞堵水等工艺。

第一节 挤水泥封层技术

一、水泥承留器及其配套工具

常用的封堵无效层的方法一般分为循环法、挤入法、循环挤入法等，封堵管柱都是采用可钻的水泥承留器。水泥承留器的结构如图 5.1 所示。

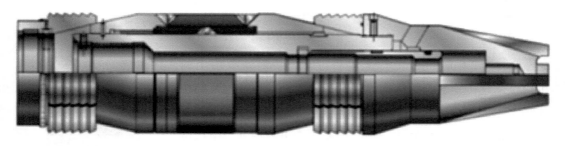

图 5.1 水泥承留器结构

水泥承留器坐封工具用于坐封及挤水泥作业，在该工具没有与水泥承留分离前，可以通过上提、下放管柱来实现阀体的关闭与打开。下放管柱时，阀体始终处于打开状态，保证油管内充满液体，便于工具的下放，水泥承留器坐封后试压时，可关闭阀体，从而一趟管柱完成坐封、试压和挤水泥作业。

水泥承留器坐封工具如图 5.2 所示。

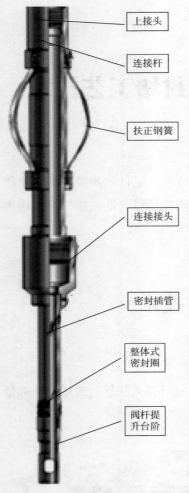

图 5.2 坐封工具示意图

二、挤水泥作业

工具串入井，控制下放速度。当管串到达预定坐封位置后，先将工具上提，旋转管柱 10 圈以上，将控制螺母从中心管上的螺纹上旋出，同时也将控制套释放出来。再次下放管柱到预定坐封位置，此过程上卡瓦里的弹簧片可使上卡瓦紧贴在套管壁上，从而将上卡瓦从坐封套里解放出来。

缓慢下放管柱，插入插管，打开阀体，在水泥承留器上加压 40~80kN，向油管打压验封。验封合格后，地面混浆，开始挤注水泥施工，作业完成后，上提管柱关闭阀体，反洗井，循环替出管柱内水泥浆。

第二节 可钻式桥塞封隔技术

可钻式桥塞在尼日尔沙漠油田主要用于上返试油、转层及油井机械堵水作业中。

一、可钻式桥塞结构

可钻式桥塞主要由坐封机构、锚定机构、密封机构、锁紧机构等部分构成。其结构如图 5.3 所示。

可钻式桥塞结构紧凑，承受压差大、可控性强、下放速度快、井下密封位置准确，尤其在夹层薄、封堵位置深等工况下具有明显优点。用于隔绝油井内流体和压力，减少不同层位间流体与压力的互相干扰，便于为分层开采提供必要的环境；提高油井采油效率，延长油井采油时间，并且可以满足长久封堵的要求。可钻桥塞坐封后，只能通过钻铣的方式移除。

图 5.3 可钻式桥塞结构

二、传输及坐封方式

可钻式桥塞传输方式主要有管输和电缆输送两种方式，对应的坐封方式为液压坐封和电缆坐封。

液压坐封是用油管输送桥塞到预定的位置，利用地面泵车通过油管打压，利用投放工具将压力传送到桥塞坐封压环上，压缩卡瓦及胶筒完成桥塞坐封（图 5.4）。

图 5.4 采用液压坐封桥塞现场连接管柱

电缆坐封应用电缆输送桥塞，当桥塞下到指定位置后接通电源，点燃坐封工具内提前存放的动力火药产生压力，完成桥塞坐封。坐封工具以火药燃烧为动力，二级液压传递。桥塞下入过程中，采用磁性定位器准确地定位，且施工简便、成本低。

三、典型井应用案例

2008 年 11 月 25 日，在 Goumeri-1 井的试油作业中，测井人员首次采用油管传输液压桥塞坐封工具和可钻式桥塞的方式，在 2451.34m 处成功进行了桥塞坐封作业。

2009 年 10 月 7 日，在 Goumeri-8 井的试油作业中，测井人员首次采用电缆传输桥塞坐封工具和可钻式桥塞的方式，在 2692m 处成功进行了桥塞坐封作业。

第三节 钻塞配套工艺技术

转层或临时性封堵结束后，需要将井筒内的水泥塞或可钻式桥塞移除，让油井恢复生产，由此现场需要配套钻塞技术。目前，在尼日尔 Agadem 油田现场主要采用的钻塞工艺包括螺杆钻具钻塞、动力水龙头钻塞及转盘钻塞三种工艺。

一、螺杆钻具组合钻塞

管柱结构：磨鞋/钻头 + 螺杆钻具 + 加压钻杆 + 缓冲器 + 过滤器 + 提升短节 + 钻杆/油管。

用螺杆钻具轻探塞面，加压不超过 10kN，起出末根，倒上自封防喷器，上紧法兰螺丝；连接正循环管线；使用螺杆钻具不得反循环洗井；地面连接过滤器，过滤器不得下入井内管柱上；水龙带必须带有安全绳。

二、动力水龙头钻塞

管柱结构：磨鞋/钻头 + 钻杆 + 钻铤 + 钻杆动力水龙头。

将磨鞋或钻头连接在第一根钻杆底部并上紧；依次下入钻铤、废物打捞篮和钻杆，出口管汇保证节流阀灵活好用。钻桥塞时，保持压力在 15kN 左右持续钻进，直到有憋跳钻现象，说明桥塞已经松动，可适当调整钻压，桥塞会慢慢散落下降，继续下钻钻进，直到探至当前人工井底；同样注意钻穿时套管出口的流量情况，判断地层漏失或者溢流；如果有溢流，注意用节流阀控制流量。

钻水泥塞时，每钻完一个单根，要划眼一次，大排量充分循环至少 15min 后，更换单根；水龙带要用安全绳保护；自封芯子损坏时，要上提钻具至安全位置，更换自封芯子；继续下放钻具钻进。

三、转盘钻塞

1. 管柱结构

转盘钻塞管柱结构：磨鞋/钻头 + 钻杆 + 方钻杆。

2. 作业程序

（1）下钻具探塞面后，提出末根。

（2）连接方钻杆、钻杆旋塞阀和循环管线。

（3）循环合格后，排量不小于 500L/min。

（4）启动转盘，小转速下放，遇阻加压 15~20kN，观察泵压情况、进出口流量变化。

（5）如果指重表拉力缓慢下降到 5kN，慢慢加压到 15~20kN，持续钻进。注意钻穿塞子的防喷工作。

（6）由于方钻杆不能被环形防喷器有效控制，可能造成井喷失控；如果发现溢流，一定要及时处理；紧急情况下，迅速将方钻杆起到转盘面以上，关闭半封，实施压井操作。

四、典型井应用案例

1. 施工目的

Goumeri W-1 井是尼日尔沙漠油田 Agadem 区块的一口探井，该井井身结构及井筒情况如图 5.5 所示。

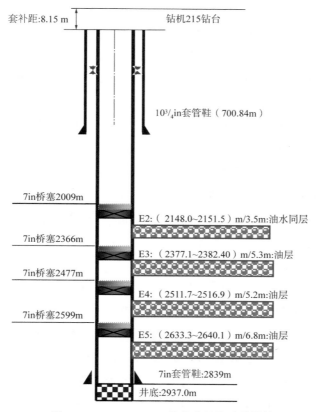

图 5.5　Goumeri W-1 井井身结构及井筒情况

本次施工的目的是，将位于井下 2009m 和 2366m 的两个桥塞钻除，并对射孔段 2148.0~2151.5m 及 2377.1~2382.4m 挤水泥，封堵这两个产层。再钻除位于井下 2477m 处的桥塞后，下泵投产。

2. 施工过程

（1）修井机搬家，安装。

（2）设备试压，开工前验收。

（3）下钻磨铣位于井下 2009m 处的第一个桥塞。

下磨铣管柱：$3\frac{1}{2}$in 钻杆 209 根 +$4\frac{3}{4}$in 钻铤 8 根 +5in 捞杯 +ϕ150mm 磨鞋，方入 9.85m 至灰面，配制密度 1.05g/cm^3、黏度 35mPa·s 的防漏失压井液 70m^3。钻灰塞

1.80m，钻桥塞 0.78m 至 2099.47m 钻穿桥塞，钻压 20kN，转盘转速 60r/min，泵排量 3.6bbl/min，泵压为 0~0.7MPa，循环 150m³ 压井液，继续下探至 2345.93m，钻压 20kN，探底 3 次。遇阻深度距第 2 个桥塞 20.07m。

起钻：于 2173.38m 反洗 55m³ 防漏失压井液，压井液密度 1.05g/cm³，黏度 32mPa·s，泵排量 3.5bbl/min，泵压 2.5~3MPa。

关闭套管闸门、半封闸板，正打压清水试挤测吸水指数，累计泵入 2.6m³，泄压至计量罐返出 0.12m³。起 $3\frac{1}{2}$in 钻杆 236 根。

（4）挤水泥封堵射孔段（2148.0~2151.5m）。

下挤灰管柱：下 $3\frac{1}{2}$in 钻杆 225 根 +1 根钻杆短节，深度 2166.1m。正循环洗井 50m³，降低井内温度，压井液密度 1.05g/cm³。

挤水泥封堵作业，打前置液 10m³，注灰 2m³，顶替 7.63m³ 清水，挤注 0.4m³ 清水，挤注最高压力 19.1MPa。憋压候凝 24h。环空泄压，回吐至计量罐 320L，实挤入地层 80L。

探水泥塞面，下 $3\frac{1}{2}$in 钻杆于 2096.12m 处探得灰面，钻压 20kN，探底 3 次。起钻。

下钻灰塞管柱：$3\frac{1}{2}$in 钻杆 206 根 +$4\frac{3}{4}$in 钻铤 10 根 +5in 捞杯 +ϕ150mm 磨鞋，至 2075.28m。接方钻杆于 2096.12m 处探得灰面，钻进至 2097.05m，进尺 0.93m。钻灰塞至 2161.54m，钻穿灰塞。

（5）下钻磨铣位于井下 2366m 处的第二个桥塞。

接单根，下探至 2166.1m（挤灰时注灰位置）未遇阻，全方入至 2174.2m。于 2174.2m 处循环，泵压 3MPa，排量 550L/min，压井液密度 1.06g/cm³，黏度 26mPa·s。下钻至 2325.74m 遇阻，钻压 30kN。继续下钻塞管柱至深度 2351.67m，钻压 30~40kN，转盘转速 60r/min，泵压 3~2MPa，排量 550L/min，压井液密度 1.06g/cm³，黏度 26mPa·s。桥塞继续下落，至第二个桥塞坐封位置处，无遇阻显示。继续下探管柱至 2467m（第三个桥塞以上 10m 位置），无遇阻显示。起磨铣管柱。

（6）挤水泥封堵射孔段（2377.1~2382.4m）。

下挤灰管柱：下 $3\frac{1}{2}$in 钻杆 249 根 +$3\frac{1}{2}$in 短钻杆 1 根，深度 2396.09m。挤灰作业，打前置液 11m³，注灰 2m³，顶替清水 8.5m³，最高挤注压力 15.9MPa，挤入 0.4m³，水泥浆密度 1.75g/cm³。憋压候凝 21h。钻杆入井 3.92m 至 2324.41m 探得水泥面，钻压 20kN，探底 2 次。起挤灰管柱。

（7）钻水泥塞及位于 2477m 处桥塞。

下钻灰塞管柱：ϕ150mm 磨鞋 +5in 捞杯 +$4\frac{3}{4}$in 钻铤 10 根 +$3\frac{1}{2}$in 钻杆 231 根，方入 9m 至水泥塞 2324.41m。钻灰塞：钻杆方入 11.14m 至 2384.4m（油底以下 2m），钻水泥塞 59.99m，钻压 20~40kN，转盘转速 80r/min，压井液密度 1.075~1.09g/cm³，泵压 2.9~3.3MPa，排量 550L/min。

单根方入 7.17m 至 2477m 第三个桥塞位置，钻压 40kN 出现放空，全方入至 2482.11m 未遇阻，判断第三个桥塞下落。从遇阻位置开始钻灰塞 9.15m，累计钻灰塞 75.97m，钻压 20~40kN，转盘转速 80r/min。

循环洗井，45m³ 压井液，压井液密度 1.09g/cm³，泵压 3.3MPa，排量 550L/min，停泵，观察出口 15min，无溢流显示。起钻。

（8）套管刮削。

下刮管管柱：下 $3\frac{1}{2}$in 钻杆 1 根 +7in 套管刮管器 +$3\frac{1}{2}$in 钻杆 268 根，深度 2588.42m。

反循环洗井 50m³，压井液密度 1.09g/cm³，出口进伟创力地埋罐，泵压 2.8MPa，排量 550L/min，泵压 2.8MPa。观察 15min，无溢流显示。起钻。

（9）下泵，试抽完井。

电泵工程师检查电泵和设备清单，以及必要的专用工具、电缆，安装电泵机组总成。下电泵管柱，下 $2\frac{7}{8}$inEUE 油管 225 根 + 电泵机组总成。电泵深度为 2100.84m。剪断电缆，连接穿越器，坐油管挂到油管四通，锁死锁紧杆。拆防喷器组，井口安装采油树。电泵试运转，运转正常，拆试抽管线，完井，完井管柱如图 5.6 所示。

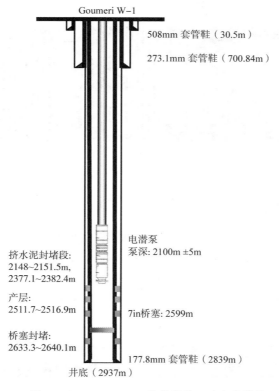

图 5.6　Goumeri W-1 井钻塞施工后完井管柱

第四节　可取式桥塞封隔技术

一、可取式桥塞结构

可取式桥塞是一种比较可靠、功能完善、成本低廉的井下工具。坐封、解封、打捞等操作更简单，且可以回收再利用，成本较低。可取式桥塞承压较低，双向压差15~35MPa，不能作永久性封堵工具，只能在试油或修井过程中，使用该桥塞进行暂时封堵，起到井控压力屏障的作用。

可取式桥塞由锚定机构、解封机构、密封机构三部分组成。锚定、解封机构由锁定接头、锁环、锁块、锁套、解封头、剪销、卡瓦锥体、卡瓦、卡瓦筒、连接头、张力棒（环）组成。坐封时，桥塞中卡瓦在锥体的作用下撑开并锚定在套管壁上，同时内部结构自锁；解封时，自锁解除，锚定机构恢复原位。密封机构由胶筒心轴、胶筒、隔环组成，坐封时，胶筒受压膨胀，密封油套环形空间；解封时，胶筒在自身的弹性作用下收缩。可取式桥塞外形结构如图5.7所示。

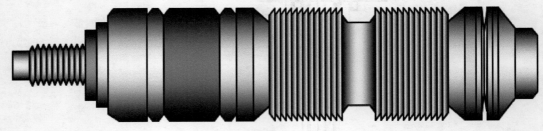

图 5.7　可取式桥塞结构

二、传输及坐封方式

可取式桥塞的主要传输方式为电缆传输和油管传输两种。

电缆传输桥塞，使用电缆坐封工具，只需要更换专用连接杆即可与可取式桥塞连接。

油管传输方式下可取式桥塞，需要使用液压坐封工具（图5.8）。上接头接于油管下端，中心管下端与可取式桥塞连接。

图 5.8　液压坐封工具

油管输送桥塞至预定坐封位置。用泵车向油管内打压，压力通过液压坐封工具中的活塞作用推动桥塞锥体下行，撑开卡瓦卡在套管壁上；同时，可取式桥塞中心管总成上行，压缩胶筒产生膨胀，密封油套管环形空间，锁套与锁环啮合，在锁块作用下胶筒心轴与锁定接头紧密相连，桥塞内部结构自锁；当泵车压力升到一定值时，可取式桥塞中张力环被拉断，桥塞与坐封工具分离，完成坐封与丢手动作；桥塞坐封完毕，起出坐封工具。

三、解封及回收方式

解封工具一般分内打捞与外打捞两种，类似于分瓣捞锚及卡瓦捞筒。

用油管下入桥塞解封工具，解封工具抓住桥塞解封头后，上提管柱，解封头剪断销钉，解封头上行，锁块失去约束而退出锁块槽，心轴与锁定接头分开，胶筒收缩，锥体上行，卡瓦收回到卡瓦筒内，桥塞解封，并随管柱起至地面。

四、典型井应用实例

2013 年 1 月 16 日，在 Goumeri-4 井的投产作业中，测井人员首次采用油管传输液压桥塞坐封工具和可捞取式桥塞的方式，在 2630m 处成功进行了可捞取式桥塞的坐封和解封作业。

第六章　Agadem 油田试油工艺配套技术

　　试油是将钻井、综合录井、电测所认识和评价的含油气层，通过射孔、替喷、诱喷等多种方式，使地层中的流体（包括油、气和水）进入井筒，流出地面，从而取得地层流体的性质、各种流体的产量、地层压力及流体流动过程中的压力变化等资料，并通过对这些资料的分析和处理获得地层的各种物性参数，对地层进行评价。

　　尼日尔 Agadem 油田主要试油工艺为钻完井后地层测试工艺，由于完井方式均为套管完井，因此都采用套内测试工艺，主要工艺为 APR+TCP 联作 + 抽汲测试工艺。同时，根据地层和原油的特点，有针对性地使用一些特殊试油工艺，如出砂井采用 TCP+APR+NAVI 泵三联作试油工艺。在此基础上，针对大斜度井、高含硫化氢井及高温井等复杂井况，油田内部对试油配套工艺进行了井下工具技术革新及生产制度流程优化，由此满足 Agadem 油田特殊井试油要求。

第一节　典型试油工艺与配套技术

一、APR+TCP 联作 + 抽汲试油工艺

1. 工艺原理

　　APR+TCP 联作 + 抽汲试油工艺在 Agadem 油田共应用 190 口井 /583 层，测试成功率为 100%，是 Agadem 油田最常用的试油工艺。

　　全通径 APR 又名环空加压测试器，采用管柱旋转坐封封隔器，其测试主阀为 LPR-N 测试阀。该阀主要由球阀部分、动力部分和计量部分组成。通过操作臂旋转球阀形成密封关井，通过动力部分的作用打开球阀。动力部分内设有一个浮动活塞，该活塞的一端承受静液柱压力；另一端与承压氮气室连通。当封隔器坐封后，通过向环空加压，推动浮动活塞向下移动，拉动球阀，使其处于打开位置。放掉环空压力后，承压氮气推动活塞向上移动，关闭球阀。可在不动管柱的情况下，通过这样环空反复的加压与放压实现井下测试阀多次开关井操作，以获得测试层的产量、压力、表皮系数、渗透率

等地层特性参数。

该试油工艺具有以下技术特点：

（1）依靠旋转管柱坐封封隔器，在不动测试管柱的情况下，利用环空压力的施加和释放实现多次开关井，操作简单、方便，能够快捷地提供最好的地层评价资料。

（2）全通径，适合高产量井的测试作业，管内流动阻力小，有利于解除地层污染。

（3）可在不动管柱的情况下，进行各种钢丝及电缆测试作业。

（4）APR+TCP 联作测试时，既可以通过投棒引爆射孔枪，又可以依靠旁通传压射孔，工艺灵活。

2. 工艺管柱

APR+TCP 联作 + 抽汲试油工艺管柱结构：油管 + 定位短节 + 油管 + RD 循环阀 + 油管 + LPR-N 测试阀 + 压力计托筒 + 震击器 + 安全接头 + RTTS 封隔器（或 P-T 封隔器）+ 减振器 + 减振油管 + 筛管 + 点火头 + 射孔枪 + 丝堵。管柱如图 6.1 所示。

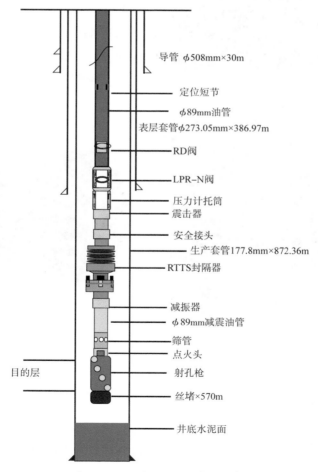

图 6.1　TCP 与 APR 联作测试管柱

3. 试油操作步骤

1）下测试管柱

按设计管柱结构，依次将 APR 测试工具下入井内。

2）坐封封隔器

测试工具及钻杆全部入井后，接方钻杆，调整管柱。上提管柱，右转 3~5 圈，慢放，坐封封隔器。坐封后，环空加压 3.5MPa，为封隔器验封。

3）射开目的层

通过投棒引爆射孔枪，射开试油目的层。

4）抽汲排液

地面安装抽汲作业井口，如图 6.2 所示。

通过将抽子与皮碗组合工具（实物如图 6.3 和图 6.4 所示）下至液面以下 150~250m，上提时在井底产生 1.5~2.5MPa 的压降，形成举升力，将井液引流至地面。

图 6.2　抽汲作业井口

图 6.3　抽子

图 6.4　抽汲皮碗

5）压井、起管柱

循环压井，起出测试管柱。

4. 典型井应用实例

1）井况介绍

Abolo N-2 井是 Agadem 油田的一口探井，目的是落实 Sokor 层位含油情况，设计井深 2420m。该井于 2013 年 11 月 10 日开钻，井身结构如图 6.5 所示。

2）试油层位

本次试油施工目的是落实 E1 层段的产液指数（表 6.1）。

表 6.1 Abolo N-2 井数据表

序号	储层	射孔段（m）	砂岩厚度（m）	有效厚度（m）	地层压力（psi）	地层温度（℃）	测井解释
1	E1	1654.2~1658.8	4.6	4.3	2299	73.78	油层
2	E1	1620.0~1630.5	10.5	9.8	2260	73.15	油层

3）施工过程

（1）修井机搬家、立井架、安装节流压井管汇，安装防喷器并进行功能测试及压力测试。

（2）套管刮削，替浆。

（3）测固井质量，通过声幅测井解释结果判断固井质量合格。

（4）第一层测试 E1（1654.2~1658.8m，4.6m）：

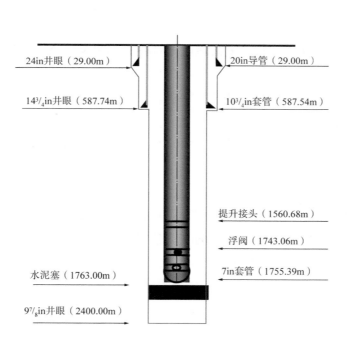

图 6.5 Abolo N-2 井井身结构

下测试管柱：$3\frac{1}{2}$inEUE 油管 171 根 +APR+ 压力计 + 封隔器 +TCP 枪，其中测试工具试压 5MPa，稳压 15min 不降，期间每 20 柱灌清水 1 次并试压，合格，最后 13 根不灌液；校深，调长，封隔器坐封于 1626.86m，安装抽汲树及地面流程，试压合格，开 N 阀，投棒枪响，无气泡显示。

初次关井恢复地层压力。

二开井：无气泡显示，抽汲 5 次，液垫 7bbl，氯离子含量 100mg/L，pH 值 6.5，动液面 20~40m，抽深 120~150m。

自喷：1/2in 油嘴，液垫 18.8bbl，累计液垫 25.8bbl，氯离子含量 100mg/L，pH 值 6.5。更换 9/16in 油嘴，产油 26.7bbl，产水 19.4bbl，累计产水 45.2bbl。

环空压力由 2000psi 降至 1000psi，N 阀关闭，环空打压至 1640psi 迅速降至 0，环空打压至 1788psi 迅速降至 412psi，N 阀未关闭，井口压力 235psi。换 1/4in 油嘴井口压力降至 70psi，进旁通井口压力降至 0，N 阀关闭，内管柱打压 1800psi 后环空压力增加至 300psi，判断 N 阀以上有漏点。

关井恢复地层压力。

反打压 22MPa 开 RD 阀，于 1590m 反洗 3%KCl 压井液 30m³ 至出口清澈。拆抽汲树，封隔器解封。

起出井下管柱，期间检查油管扣无异常。测试保养工具。

下测试管柱：$2^7/_8$inEUE 油管 172 根 +APR+ 压力计 + 封隔器 + 筛管 +$3^1/_2$inEUE 油管 2 根（沉砂管）+ 丝堵，期间每 20 柱灌清水试压，试压合格，最后 13 根不灌液造负压 1.2MPa。封隔器坐封于 1635.64m，安装地面流程试压 4000psi，合格，开 N 阀无自喷油流，安装抽汲树。

清井，抽汲 31 次，求产。调油嘴自喷求产。

关井恢复地层压力。

压井：反打压 18MPa 开 RD 阀，于 1599.18m 反洗 3% 的 KCl 压井液 30m³ 至出口清澈。

起出井下测试管柱。

打电缆桥塞于 1649m，试压 12MPa，稳压 30min 不降；倒灰 60L，水泥面 1646m。

测试结论：E1（1654.2~1658.8m，4.6m）为油层。

（5）第二层测试 E1：（1620.0~1630.5m，10.5m）。

与第一层测试工序一致，顺利完成第二层测试。第二层试油结论是自喷油层。

（6）拆井口防喷器，安装盲板法兰，完井。

二、TCP+APR+NAVI 泵三联作试油工艺

1. 工艺原理

Agadem 油田主力油层 E1~E5 试油过程中出砂问题严重，为保障出砂严重井的排

液、测试，应用了 TCP+ APR+NAVI 泵三联作试油工艺。截至编写本书时，该三联作试油工艺在 Agadem 油田现场共应用 7 口井 /8 层，测试成功率 100%。

NAVI 泵是一种由钻杆驱动转子的正排液单螺杆泵，组装较为简便，检泵周期长，外形结构如图 6.6 所示。适用于高黏度稠油、高密度及低油气比井的测试作业，具有较强的携砂能力，非常适用于出砂量大的油井测试作业过程中辅助排液（图 6.7）。

图 6.6 NAVI 泵

图 6.7 NAVI 泵入井

TCP+APR+NAVI 泵三联作试油工艺利用 NAVI 泵的排液功能进行排液，获取测试地层的液性、产能等参数，同时利用安全循环阀可实现井下关井，取得完整且准确的地层压力数据。

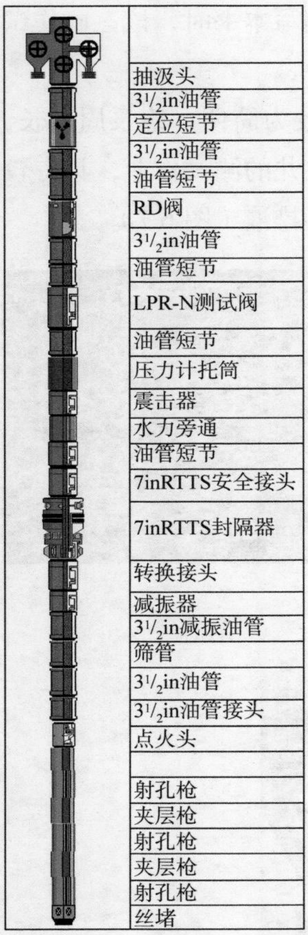

抽汲头
$3\frac{1}{2}$in油管
定位短节
$3\frac{1}{2}$in油管
油管短节
RD阀
$3\frac{1}{2}$in油管
油管短节
LPR-N测试阀
油管短节
压力计托筒
震击器
水力旁通
油管短节
7inRTTS安全接头
7inRTTS封隔器
转换接头
减振器
$3\frac{1}{2}$in减振油管
筛管
$3\frac{1}{2}$in油管
$3\frac{1}{2}$in油管接头
点火头
射孔枪
夹层枪
射孔枪
夹层枪
射孔枪
丝堵

图 6.8　TCP+APR+NAVI 泵三联作试油工艺管柱

2. 工艺管柱

TCP+APR+NAVI 泵三联作试油工艺完整管柱结构：抽汲头 + 油管 + 定位短节 + 油管 + 油管短节 +RD 阀 + 油管 + 油管短节 +LPR-N 测试阀 + 油管短节 + 压力计托筒 + 震击器 + 水力旁通 + 油管短节 + 安全接头 +RTTS 封隔器 + 转换接头 + 减震器 + 减震油管 + 筛管 + 油管 + 点火头 + 射孔枪 + 丝堵（图 6.8）。

3. 试油作业操作步骤

TCP+APR+NAVI 泵三联作试油工艺，施工步骤如下：

1）下测试管柱

按设计管柱结构，依次将 APR 测试工具及 NAVI 泵下入井内。下钻时，将泵以上管柱全部加满清水液垫。

2）坐封封隔器

测试工具及钻杆全部入井后，接方钻杆，调整管柱。上提管柱，右转 3~5 圈，慢放，坐封封隔器。坐封后，环空加压 3.5MPa，为封隔器验封。

3）射开目的层

通过投棒引爆射孔枪，射开试油目的层。

4）启泵

保持低速转动方钻杆启泵，慢启，确定泵为正常工作状态，提高方钻杆转速，将泵的剪切销钉剪断。

5）排液

通过方钻杆不同转速为泵提供不同泵速，从而进行排液作业。

6）地层测试

随着方钻杆转速增加，泵速逐渐增加，其正常工作转速一般不超过 100r/min，最大允许转速一般为 130r/min，扭矩不超过 1355N·m。排液时记录不同泵速与对应的产液量，对比数据选择最优泵速，持续求产 4~6h。

7）停泵

停止方钻杆转动，停泵。

8）压井

停泵后，环空加压打开 RD 安全循环阀，关闭安全循环阀的球阀，实现井下关井，测井底恢复压力，同时打开循环孔进行反循环压井。

9）起管柱

待压井结束后，起出测试管柱。

第二节　特殊井况试油技术对策

一、严重出砂地层试油技术

1. 出砂严重层位试油难点

Agadem 油田主力油层 E1~E5 表现为中孔高渗地层且埋深较小。在先期地质研究阶段，通过孔隙度预测判断和声波时差预测分析，均显示地层存在出砂可能。

后期油田现场试油作业印证了前期地质研究得到的产层出砂结论。试油结果统计发现，E1~E5 油层在试油过程中均有出砂显示，如图 6.9 所示，且砂含量范围波动较大，个别层位，如 Dougoule-5 井 E0 油组 1081.50~1085.50m 层段，试油含砂量高达 30%。

在以往试油过程中，Abolo W-1 井主力油组 E1 1127.5~1135.5m 井段，由于试油测试过程中大量出砂，造成试油管柱发生砂卡，导致试油作业中断。Koulele CW-1 井 E1 层段试油时，出砂严重，砂埋油层液面无法恢复，影响试油施工顺利进行。油层出砂问题给试油工艺及井下工具使用带来不利影响，严重影响了试油作业和效果。表 6.2 为 Agadem 油田试油井出砂情况统计。

图 6.9　Agadem 油田地层采出砂照片

表 6.2　试油井出砂情况统计表

井号	层位	储层深度（m）	含砂（%）
Idou-1D	E1	1331.50~1339.00	0.05
Koulele CW-1	E1	1451.00~1452.70； 1453.30~1453.90； 1455.40~1458.80	1.50
Idou C-1	E1	1333.20~1334.00； 1337.40~1339.20	0.10

续表

井号	层位	储层深度（m）	含砂（%）
Yogou E−1	E0	1130.40~1134.20	0.10
Koulele E−3	E1	1223.50~1235.20	0.20
Koulele−2	E2	1426.50~1428.50；1433.00~1435.00	2.50
Arianga W−1	E1	1228.80~1238.10	0.20
Abolo−2	E5	1438.50~1443.00	0.20
Abolo−2	E4	1372.50~1374.50	0.60
Abolo W−2	E3	1226.50~1228.00	0.70
Abolo W−2	E1	1135.00~1138.50	2.00
Fana N−2	E2	1472.50~1477.00	0.70
Yogou−3	E1	1332.00~1333.50	0.10
Fana NW−1D	E2	1583.80~1586.70	0.10
Fana W−2	E2	1432.40~1434.00；1439.30~1441.50	0.20
Ounissoui E−1	E2	790.50~795.50	2.00
Bokora−1	E4	1459.30~1463.10；1464.30~1469.20	2.00
Bokora−1	E2	1182.20~1184.90	0.50
Koulele N−1	E2	1340.00~1347.50	0.10
Koulele N−1	E2	1310.00~1311.00；1312.50~1314.00；1320.00~1322.50	0.10
Cherif−1	E2	1815.80~1818.70	1.00
Fana N−1D	E1	1422.50~1427.40	0.50
Dibeilla N−2	E4	1505.00~1507.00	0.50
Dibeilla S−1	E5	1601.40~1602.90	0.20
Dibeilla S−1	E2	1129.00~1134.00	1.00
Dougoule EX−1	E3	2159.20~2165.00	0.20
Dougoule EX−1	E2	2099.10~2107.10	0.50
Karam−3	E4	2191.00~2193.60	3.00
Admer N−1	E3	1396.00~1398.50	0.50
Fana−1	E1	1204.40~1205.60；1208.60~1212.10	0.05
Koulele−1	E4	1652.00~1654.50	0.10
Koulele−1	E2	1403.00~1404.20；1407.00~1409.00	0.20
Bagam N−1	E2	968.30~970.50	5.00

续表

井号	层位	储层深度（m）	含砂（%）
Goumeri W-2	E3	2254.00~2256.00	0.10
Dougoule NW-1	E5	1113.00~1114.00； 1116.00~1120.00	0.40
Dinga-1	YSQ2	1977.00~1982.30	0.80
Fana E-1	E1	1770.00~1776.00	0.50
Dougoule-5	E2	1292.50~1294.50	0.30
	E0	1081.50~1085.50	30.00
Dibeilla-2	E3	1438.00~1441.00	1.00
	E3	1407.50~1410.80； 1423.00~1430.50	0.50
Madama NW-1	E4	1472.00~1476.00	1.00
	E3	1311.00~1314.00； 1324.40~1325.50	0.60
Sokor S-1	E2	2001.50~2010.50	0.90
Madama N-1	E4	1503.00~1509.80	0.10
	E1	976.90~981.90； 984.70~988.00	7.00
Imari W-1	E3	1243.50~1246.00	0.10
Arianga-1	E1	1695.40~1696.10； 1707.70~1708.80	0.30
Dougoule E-1	E3	2164.70~2166.00； 2169.50~2171.90； 2184.50~2185.40	0.10
Goumeri-5	E2	2613.70~2614.60； 2615.60~2618.60	0.10
Dougoule-1	E4	1398.70~1400.70	0.10
	E3	1315.90~1318.10	0.10
	E3	1295.80~1298.00	1.00
	E3	1265.10~1267.00； 1272.00~1274.20	0.20
	E3	1239.70~1247.00	0.20

2. 出砂地层试油技术对策

针对 Agadem 油田主力油层 E1~E5 试油过程中出砂严重问题，开展了出砂井试油工艺优选工作。

现场多次使用 TCP+APR 联作结合 NAVI 泵试油工艺对出砂井进行排液求产测试，由 Abolo W-1 井、Abolo-2 井、Alala-1 井和 Koulele SE-1 井应用效果可以看出，TCP+APR+NAVI 泵三联作试油工艺对出砂地层具有良好的适应性，具体数据见表 6.3。

表 6.3　TCP+APR 联作结合 NAVI 泵试油工艺应用情况统计表

井号	层位（m）	工艺类型	转速（r/min）	产量（bbl/d）	应用效果
Abolo W-1	1095~1099	RD 阀 +NAVI 泵 + 压力计 + RTTS 封隔器 + 筛管	70	545.5	良好
Abolo-2	1142.0~1146.0	RD 阀 +NAVI 泵 + 压力计 + 封隔器	50	494	良好
Alala-1	1352.5~1354.0	RD 阀 +NAVI 泵 + 压力计 + 封隔器	60	580.8	良好
Koulele SE-1	1263.0~1267.0	RD 阀 +NAVI 泵 + 压力计 + RTTS 封隔器 + 筛管	55	533	良好

　　然而，TCP+APR+NAVI 泵三联作试油工艺与 TCP+APR 联作 + 抽汲试油工艺相比，所使用的井下工具管柱复杂，且整体尺寸较长，地面组装费时、费力。由于 NAVI 泵依靠旋转实现排液，对作为动力传动部分的管柱居中要求比较高；NAVI 泵需要依靠封隔器坐封来固定转子，为确保封隔器坐封后受到足够的拉力，也确保泵不在受压状态下工作，需要利用钻杆或是钻铤来增加重量，这些因素都造成了 TCP+ APR+ NAVI 泵三联作试油管柱复杂。

　　现场应用显示，NAVI 泵有时不能与测试器很好地实现联作，主要是因为 APR 管柱上的主要测试工具 LPR-N 阀需要依靠活塞移动实现持续憋压，无法与 NAVI 泵工作时的旋转管柱实现很好的配合。

　　鉴于以上对比分析结论，在出砂情况可定性预测的基础上，得到出砂地层试油工艺选井原则（表 6.4）：

　　（1）建议对出砂不严重的地层，使用 TCP+APR+ 抽汲联作技术，即可以提高效率，缩短工期。

　　（2）对于出砂严重的地层，选用 TCP+APR+NAVI 泵三联作工艺技术作为其主体试油工艺。

表 6.4　试油工艺对比表

工艺类型	优点	缺点	与现场结合情况
TCP+APR+ 抽汲	工具简单，操作方便，成本低	排液不均匀，易砂卡	对出砂量比较小的井适用
TCP+APR+NAVI 泵	自吸和排液均匀，能适用出砂和黏度较大流体的井	不能与 LPR-N 阀联作，需要在泵下安装钻铤，操作复杂	操作比较复杂，在出砂不严重时可采用抽汲代替，仅出砂严重时使用

3. 典型井应用实例

　　Abolo W-1 井是 Agadem 油田区块一口探井，设计测试层位两层，测井解释两层均为油层，井身结构基础数据及地层数据见表 6.5 和表 6.6。

表 6.5　Abolo W-1 井基础数据表

描述	导管	表层套管	生产套管
钻头尺寸（in）	24	$14\frac{3}{4}$	$9\frac{7}{8}$
深度（m）	30.00	538.00	1655.00
套管尺寸（in）	20	$10\frac{3}{4}$	7
套管头（m）	8.29	7.87	7.10
套管鞋（m）	30.00	535.40	1608.65
浮箍深度（m）		522.39	1596.28
固井水泥返深（m）	地面	地面	800.00
扶正器个数（个）		10	50

表 6.6　Abolo W-1 井试油层位表

测试序号	储层	射孔层段（m）	砂岩厚度（m）	有效厚度（m）	预测压力（psi）	预测温度（℃）	测井解释
第一层	E4	1364.0~1367.4	3.4	3.4	1924.9	67.1	油层
		1368.7~1370.1	1.4	1.4			油层
第二层	E1	1095~1099	4.0	4.0	1544.9	61.2	油层

该井先期采用 APR+TCP 联作 + 抽汲试油工艺管柱，射孔后地层未自喷，开始下抽子抽汲。第 22 次抽汲时，液垫排净，地层液性变为纯油，出油 3bbl。在进行第 23 次抽汲过程中，抽汲工具在 100m 处遇卡，多次尝试不成功，抽子胶皮取出之后，发现上面携带大量砂子，地层出砂严重，管柱已经出现砂堵迹象。正常抽汲试油作业无法正常进行，将管柱起出；起出过程中，发现下部多根油管被地层砂堵死（图 6.10）。

图 6.10　Abolo W-1 井抽汲砂堵

更换 NAVI 泵并取代抽汲排液方式，将配置好的 NAVI 泵联作管柱下入井底并成功坐封封隔器。启动 NAVI 泵，剪断销钉，观测到数据头出液，泵正常运行，泵运行数据见表 6.7。

表 6.7　Abolo W-1 井 NAVI 泵作业数据分析

转速 （r/min）	泵效 （%）	含砂值	产液类型	产液量 （bbl/10min）	备注
55	71	0	液垫（清水）	3.3	排液垫
55	71	0	原油	3.3	求产
60	84	0	原油	4.3	求产
65	85	0	原油	4.7	求产
70	86	0	原油	5.1	求产

在整个运行过程中，同一转速下的动力水龙头的扭矩值稳定，且扭矩值保持在 1100N·m 以下，未出现大的波动，地层产量非常稳定，并且随着转速的提高，产量也随之增加。整个求产过程持续 17h，过程中地层出砂得到了完好的控制。求产结束后，井下工具正常，压力计资料合格，成功完成了该井试油测试工作。

二、异常高压地层试油工艺技术

1. 异常高压层位试油难点

统计 Agadem 油田 154 层试油测试获得的原始地层压力资料，得到地层原始压力系数集中在 0.95~1.6 之间，出现过 10 个压力系数超过 1.0 的层位（表 6.8）。

表 6.8　地层压力系数统计表

压力系数	0.95	0.96	0.97	0.98	0.99	1.0	1.1—1.6
地层数量	13	18	32	31	35	15	10

对于异常高压地层，试油面临的首要问题是压井，依靠现场配备的常规 KCl 盐水压井液无法满足试油测试作业前的压井需要。

Sokor SD-1 井进行 Yogou 层试油作业，测试井段 3245.6~3255.1m，根据地层压力计算压井所需压井液密度为 1.20g/cm^3，由于现场条件所限，最终只能选择使用泥浆压井。起钻时发现管柱被卡，判断为泥浆固相物质环空沉积造成，通过反复活动管柱，并配合震击器解卡等处理手段，历时 60h 最终无法成功解卡管柱，最终只能将管柱从安全接头处断开，取出接头以上管柱及测试工具，下部管柱被遗弃井内。泥浆无法替代高密度盐水进行压井保障异常压力地层试油作业，需要高密度无固相压井液来满足 Agadem 油田高压地层的试油作业需求。

此外，TCP 射孔 +APR 测试联作管柱中的 LPR-N 阀，如图 6.11 所示，在开启后，工作状态时需要环空持续憋压，套管持续承受高压，在遇到地层供液不足的情况时，油套之间的压差可能高达 30MPa，存在挤毁管柱的作业风险，典型井数据见表 6.9。

图 6.11 LPR-N 阀

表 6.9 LPR-N 阀持续开启带来的巨大压差情况

井号	层位（m）	试油工艺	环空加压开启阀压力（MPa）	动液面（m）
Garana W-1	2131.7~2136.5	TCP+APR+ 抽汲	12	1700
	1075.7~1081.0		12	940
Gani ND-1	3183.9~3190.8	TCP+APR+ 抽汲	10.5	1560
	3044.6~3046.5m；3052.1~3053.1m；3055.2~3056.6m		10.5	1540
Idou C-1	1907.1~1913.0	TCP+APR+ 抽汲	15	1530
	1916.2~1917.8		13	715
	1333.2~1334.0 1337.4~1339.2		12.5	730

2. 环空压力响应工具的升级改进

为了解决异常高压井试油前后井控压井问题，研制了改性 $CaCl_2$ 压井液配方并作为异常高压井主体压井液体系，在本章第一节中已经有过详细叙述，在此不再赘述。

为解决 TCP+APR 测试工具管柱中 LPR-N 阀工作时油套压差大的问题，引进了选择性测试阀（STV 测试阀），STV 测试阀继承了 APR 工具液压操作稳定的特点，又增加了操作上的选择性，同时又解决了长期环空憋压对井筒管柱的伤害（图 6.12）。

STV 选择性测试阀内部含三个重要部件，即计量套、选择器和动力套。一个标准计量套含有三个调节塞子，极大地扩展了适用范围，静液柱压力为 2000~14000psi。通过选择器，完成正常模式与锁定模式切换。动力套含有非常精确的压力释放阀，当操作压力达到设计值时，完成选择器的换位。

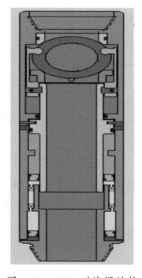

图 6.12 STV 测试阀结构

选择性测试阀有两种操作方式，即常规模式和锁定模式。无须安装剪销，操作压力大约为890psi（最大附加200psi），锁定模式操作压力为正常模式操作压力+1300psi（最大附加300psi）。

STV测试阀与RD循环阀配合使用时，可选择测试阀开启状态，该功能可在井筒内建立起循环通道，为高压井试油的井控安全提供支持，而LPR-N阀无法实现此功能。

基于安全方面的考虑，对于Agadem油田地层压力系数在1.0以上的高压深层试油时，一律选择STV测试阀代替LPR-N阀。

3.典型井应用实例

2013年9月，在Sokor SW-1井DST-2试油作业中应用STV测试阀，油井基础参数见表6.10。

表6.10 Sokor SW-1井井筒基础数据

描述	导管	表层套管	生产套管
钻头尺寸（in）	24	$14^3/_4$	$9^7/_8$
深度（m）	30.00	556.50	2630.00
套管尺寸（in）	20	$10^3/_4$	7
套管头（m）	7.5	7.5	7.5
套管鞋（m）	30.00	556.15	2610.50
浮箍深度（m）		544.72	2598.81
固井水泥返深	地面	—	—
扶正器个数（个）		10	30

通过STV阀的应用，该井试油作业获得了成功，试油结论为油层，具体结果见表6.11。

表6.11 Sokor SW-1井DST-2试油结果

井名	测试层位	测试方法	油管压力（psi）	油嘴（in）	日产油（bbl）	结论
Sokor SW-1	1963.0~1967.0m，4.0m，E2	TCP+压力计+封隔器+STV阀	370	24/64	974.0	油层

现场试油操作程序如下：

（1）从试油设计中获取试油层位深度、井底温度，以及环空流体密度等基础参数，借助软件计算STV测试阀的充氮压力及操作压力。

（2）软件计算结果。充氮压力：1948psi；操作压力：890psi。根据计算结果进行工具充氮，充氮至计算值1950psi。

（3）对选择性测试阀进行地面功能试验。

（4）地面连接好试油管柱，测试工具入井。

（5）一开一关使用正常模式，在 90s 内环空打压至 1000psi，在环空压力表处可观察到微弱表针抖动，开阀成功，保持 15min。

（6）投棒，启爆射孔枪，射开测试层。

（7）90s 内立即将环空压力卸至 0。井口无液流，关阀成功。

（8）二开 90s 内环空打压至 2400psi，保持 15min。

（9）90s 内立即泄压至 0，井口仍有液流，锁定模式打开成功。

（10）二关 90s 内环空打压至 2400psi，保持 15min。

（11）90s 内立即泄压至 0，井口无液流，解锁成功。

（12）测试完成后，直接打压至破裂盘设定开启值，此时球阀处于开位，循环压井，将球阀之下地层流体循环替出井口。

（13）解封起钻，测试作业结束。

三、大斜度井试油工艺技术

1. 大斜度井试油难点

为减少沙漠内陆运输次数，降低油田勘探开发作业成本，工厂化批钻钻完井技术在 Agadem 油田大面积推广，定向井及大位移井逐步成为油田开发井的主要井型。据统计，2012~2014 年定向井（大斜度井）试油共计 13 井 /34 层，其中最大井斜角达到 69°（表 6.12），试油工作面临新挑战，总结面临的主要技术难点如下：

（1）区块资料分析显示地层压实较差，颗粒胶结疏松，易出砂，射孔枪处于大斜度，有时近乎水平，沉砂易造成射孔枪遇卡。

（2）管柱自重较小，需要较多的加重钻铤，提供足够的坐封吨位。

（3）造斜点较浅，抽汲工具下入深度受限，加重钻铤不能下在垂直井段内。

（4）大斜度井狗腿度较大，加重钻具等刚性较大工具通过能力降低。

（5）视平移段长，管柱不易居中，管柱与井壁偏磨现象明显，封隔器密封部件易磨损甚至损坏，使得封隔器稳定性减小。

表 6.12 定向井井斜角统计表

井名	储层深度（m）	层位	最大井斜角
Dibeilla C-1D	1669.0~1672.2，1675.0~1682.0	E4	35°@1880.0m
	1502.5~1505.2	E3	
	1453.9~1475.27	E3	
	1423.0~1440.0	E3	
	1318.3~1325.7，1327.0~1330.3	E2	
Dibeilla NE-2D	1823.0~1835.0	E5	39.5°@1950.0m
	1832.8~1838.0	E5	

续表

井名	储层深度（m）	层位	最大井斜角
Fana S-1	1314.0~1316.0，1321.0~1325.0	E2	41.48°@1677.66m
Dibeilla C-3D	1710.2~1712.7	E5	42.7°@1825.7m
	1638.5~1643.3，1647.3~1654.5	E5	
	1472.9~1473.9	E3	
	1412.8~1419.5	E3	
	1311.3~1316.6	E2	
Dibeilla C-2D	1737.6~1748.0	E5	48.7°@1940m
	1724.2~1728.5	E4	
Gabobl-1D	1536.0~1555.0	E5	70°@1660m
	1466.3~1474.0	E4	
	923.8~939.2	E3	
Tamaya-2ST	1211.3~1219.1	E3	
	984.2~997.5	E2	
Fana SE-1D	1519.8~1524.0	E5	15.6°@1630.0m
	1435.3~1440.7	E5	
	1168.3~1169.4，1170.8~1171.8，1174.0~1175.8	E3	
Fana N-1D	1698.1~1699.6，1708.9~1710.4	E3	44.03°@1909m
	1476.9~1484.6	E2	
	1422.5~1427.4	E1	
Fana SW-1ST	2004.8~2006.8，2008.5~2009.5	E5	46.5°@1714.29m
	1441.5~1443.5	E2	
Tairas S-1D	2999.0~3004.0	E5	35.68°@1054.3m
	2486.0~2496.0	E2	
	2441.5~2447.9	E2	
Madama E-1D	1698.0~1700.0	E4	39.95°@1977.25m
Gabobl W-1D	1501.1~1504.2	E3	59.3°@1962m

2. 大斜度井试油工艺管柱优化

大斜度井试油工艺管柱选择时应考虑尽可能减小刚性工具的长度，增加挠曲性。主要从两个方面考虑降低刚性工具的整体长度。

（1）工具尽量缩减，使用能够兼具多种功能的工具，简化管柱的复杂性。RTTS封隔器由自带旁通长度较短的 P-T 封隔器取代，此外与 P-T 封隔器结构较为类似的 MR-3D 封隔器也是很好的选择。

（2）Agadem 油田测试目的层段都比较浅，需要使用加重钻铤增加坐封吨位，由于需要的钻铤较多，为了防止管柱过长影响入井，钻铤排列方式多采用分段式，通过使用挠曲性比较好的油管将钻铤间隔成了两段，增加整体管柱的挠度，增强管串在大狗腿度部位的通过性。

（3）在满足测试要求的前提下，尽可能选用外径较小的工具，比如在 7in 套管中用 $3\frac{7}{8}$in 的 APR 工具取代 5in 的 APR 工具，可以增加工具在斜度突变部位的通过率。

（4）为了防止钻铤在斜度较大的部位由于力的分解产生较大轴向力的损失，以及由于自身重量导致其和套管壁之间产生较大的摩擦力，影响加重工具对封隔器胶筒的压力效果，钻铤应尽量选择放置在垂直段。如果采用抽汲排液方式，由于在垂直井段长度有限制的情况下，钻铤的下入段考虑放置在斜度较小的井段和稳斜段。

（5）要预防封隔器在斜度变化段入井后不居中，引起工具变形，甚至密封失效的问题，要在管柱结构中增加扶正工具，保证工具居中，确保封隔器胶筒径向受力均匀。

通过各种因素的考虑，大斜度井工艺管柱设计自上而下为：

油管 + 钻铤 + 油管 + 钻铤 +RD 循环阀 + 油管 + 扶正器 + 压力托筒 +MR–3D 封隔器 + 扶正器 + 筛管（图 6.13）。

3. 摩擦阻力计算

在造斜井段，受井眼约束，管柱会随之弯曲，其形状和井眼轴线一致，如图 6.14 所示，以造斜段起点处管柱形心为坐标原点建立坐标系。

在管柱任一截面的形心建立局部坐标系 s–n–t，t 轴沿管柱轴线的切线方向，n 轴沿管柱轴线的法线方向。管柱轴线上任一点 s 处的曲率（k）为：

$$k = \left| \frac{\mathrm{d}\vec{t}}{\mathrm{d}s} \right|$$

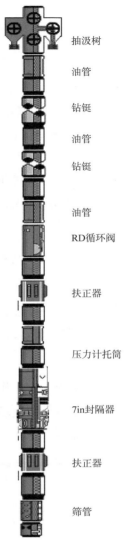

图 6.13 大斜度井
试油工艺管柱

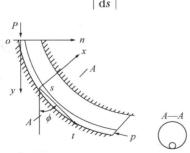

图 6.14 造斜井段管柱受力示意图

在管柱上的 s 和 s+ds 截面之间截取一管柱微元体，作用在其上的载荷有：内力矢 $\vec{P}(s)$ 与 $\vec{P}(s$+ds$)$、内力矩 $\vec{M}(s$+ds$)$ 和分布力矢 $\vec{\eta}(s)$。

其中：

$$\vec{P}(s) = P_t(s)\vec{t} + P_n(s)\vec{n}$$

$$\vec{\eta}(s) = (q\cos\phi - f)\vec{t} + (N - q\sin\phi)\vec{n}$$

式中 q——管柱单位长度重量，N/m；

　　　　N——井壁作用在单位长度管柱上的法向支反力，N/m；

　　　　f——单位长度管柱上所受的摩擦力，$f=N\mu$，N/m；

　　　　μ——管柱与井壁之间的摩擦系数；

　　　　ϕ_0——造斜井段起点处的井斜角，$\phi = \phi_0 + ks$，（°）。

在稳斜段和水平段，$q(\xi\sin\phi - \cos\phi) =$ 常数，$k=0$，式（6-1）可简化为：

$$\frac{\mathrm{d}P}{\mathrm{d}s} = q(\mu\sin\phi - \cos\phi)$$

因此，管柱任一点 s 处所承受的轴向压力为：

$$P = P_0^1 - qs(\mu\sin\phi - \cos\phi)$$

式中 P_0^1——稳斜段起始端管柱所受的轴向压力，N。

同理，若管柱承受拉力，则管柱任一点 s 处管柱的轴向力为：

$$P = P_0^1 + q(\mu\sin\phi + \cos\phi)(L - s)$$

针对大斜度井作业过程中已经出现的和可能出现的复杂工况，建立数学模型，从液相条件下井筒温度场预测、液相条件下井筒压力预测、管柱变形量计算及管柱强度校核四个方面建立模块，编制完井管柱力学计算程序软件，主要界面如图 6.15~ 图 6.17 所示。

图 6.15　软件主界面示意图

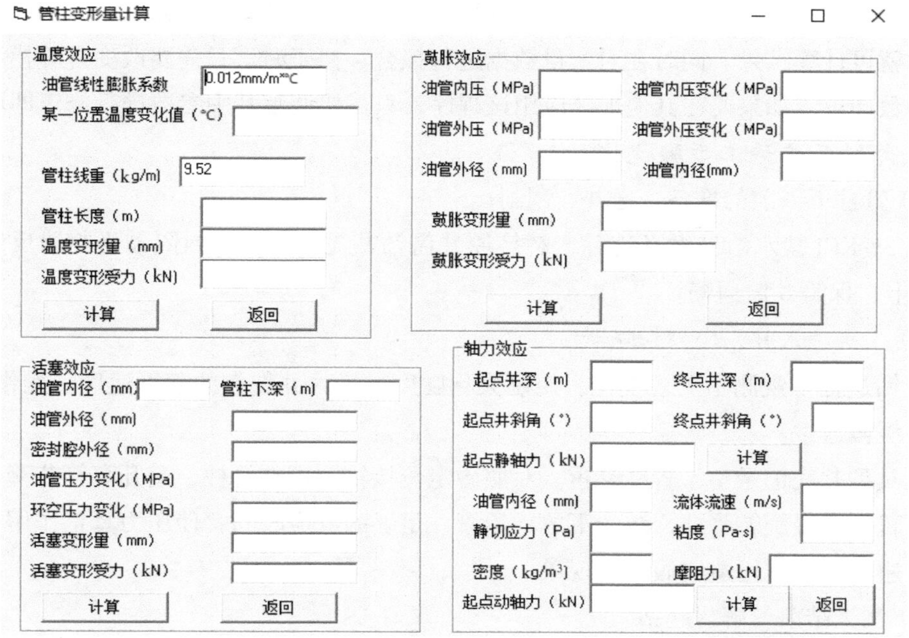

图 6.16 管柱变形量计算界面

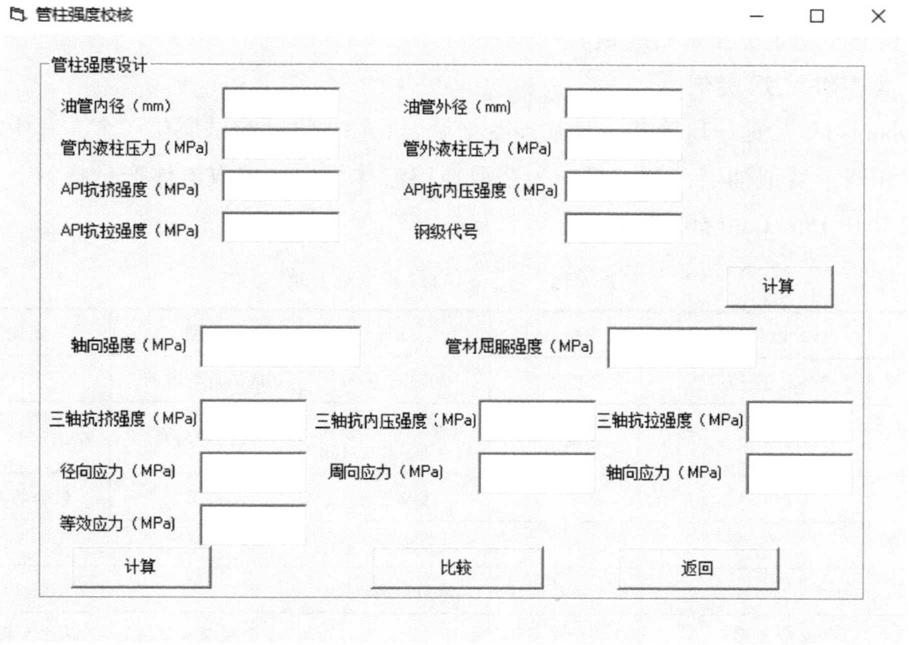

图 6.17 管柱强度校核界面

在大斜度井试油工艺中的应用，主要为采用公式重点计算大斜度井管柱入井工况下管柱所受摩擦力，为现场施工提供可靠的理论依据。

该程序采用可视化的操作界面，且计算公式及代码方便查看与修改，只需要输入已知参数就可计算结果。同时在对大量数据进行拟合、修正时，只需要改变计算模型中的敏感参数即可。如果要在其他地区应用该程序，只需要调整其中参数进行修正即可。

4. 大斜度井施工步骤优化

1）管柱下入前的准备，通井、刮削

以 3%KCl 盐水溶液循环洗井，替换原井筒钻井泥浆，并在封隔器坐封段反复刮削 3 次以上，保障井筒通畅。

2）工具串入井，坐封封隔器

下钻过程中观测指重表变化，控制大狗腿度、最大井斜点的起下速度，操作平稳，工具串缓慢通过。

工具到井底记录整个管柱悬重。对照磁定位接箍图调整管柱，避开套管节箍，标记起始位置，缓慢旋转管柱，缓慢下放，给管柱足够的反应时间，使压力真正作用在封隔器上，避免支点作用造成假坐封现象。

3）测试结束，解封起钻

缓慢上提管柱，充分平衡胶筒上下压力，等待半小时，使胶筒充分收缩，减小解封阻力。继续上提管柱，注意观察悬重变化，以不超过自然悬重 5t 为宜。上下往复活动管柱，待悬重稳定、正常后起钻。

5. 典型井应用实例

Gabobl-1D 井是一口探井，其基础数据见表 6.13，设计测试层位 3 个，其中解释一个油层和两个疑似油层，测试目的为获取地层流体物性，求取流体产量指数。表 6.14 为其 1536.0~1555.0m 层段试油结果。

表 6.13 Gabobl-1D 井基础数据

井名	Gabobl-1D	井别	探井	井型	定向井
开钻时间	2012-09-07	完井时间	2012-09-24	钻机拆卸时间	2012-09-29
井深	1174m	海拔	地面：414.716m 钻台面：422.216m	最大井斜角	69.0°@1632.15m
完井方式	射孔	钻机	GW228	泥浆类型	聚合物+KCl
井场位置	Agadem 区块				
目的层	Sokor 砂岩层				
套管	套管类型	套管尺寸（in）	套管顶部深度（m）	套管鞋深度（m）	泥浆返高（m）
	导管	20	7.5	30	地面
	表层套管	$13\frac{3}{8}$	7.5	399.19	地面
	技术套管	7	7	1639.77	300

表 6.14 Gabobl-1D 井 1536.0~1555.0m 层段试油结果表

序号	层位	射孔段 （m）	厚度 （m）	方法	井口压力 （psi）	产油 （bbl/d）	原油黏度 （mPa·s）	API 度 （60℃）	结论
1	E5	1536.0~ 1555.0	19	抽汲	10	319.6	102	21.9	油层

该井测量井深 1660m，垂直井深 1153m，KOP（造斜点）在 470m，最大井斜 69°，最大狗腿度 4.49°/30m，水平位移 882.41m，该井造斜点浅、井筒斜度大，井身轨迹复杂。该井是尼日尔 Agadem 区块斜井中，斜度最大、施工难度最高、井下测试风险最大的一口斜度井，其井身结构如图 6.18 所示。

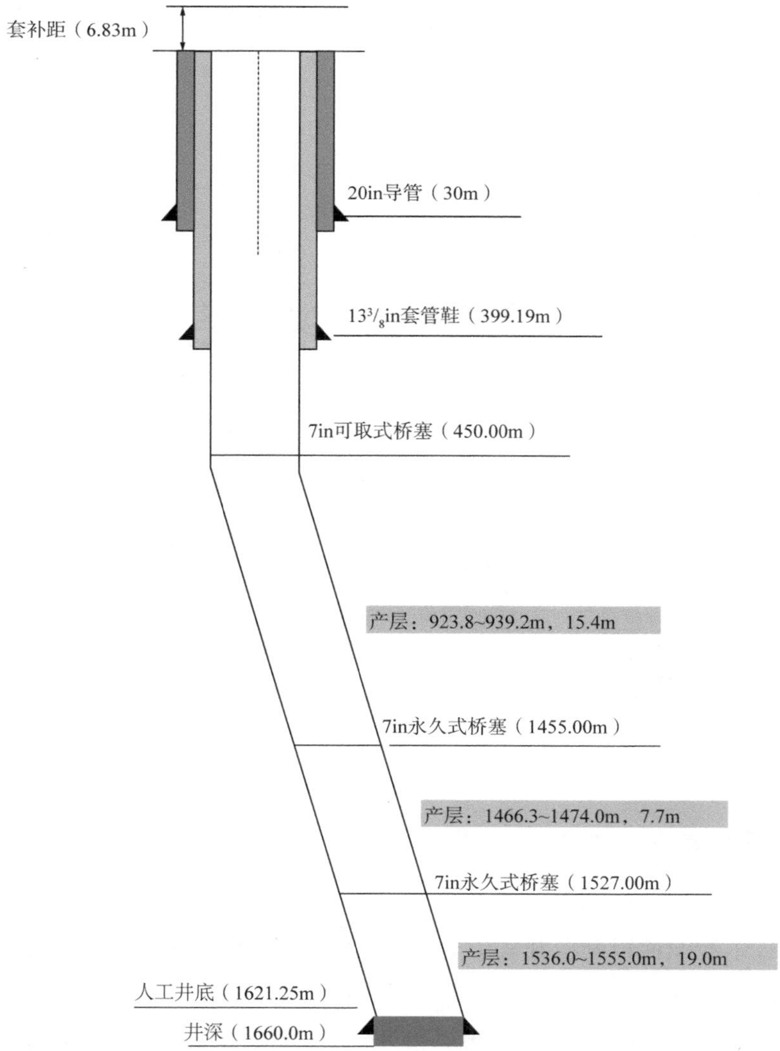

套补距（6.83m）

20in 导管（30m）

$13^3/_8$in 套管鞋（399.19m）

7in 可取式桥塞（450.00m）

产层：923.8~939.2m，15.4m

7in 永久式桥塞（1455.00m）

产层：1466.3~1474.0m，7.7m

7in 永久式桥塞（1527.00m）

产层：1536.0~1555.0m，19.0m

人工井底（1621.25m）

井深（1660.0m）

图 6.18 Gabobl-1D 井身结构

以 Gabobl-1D 井 为 例，其 DST-1 层 井 下 管 柱 为 $3\frac{1}{2}$in 油 管 604.26m+ 变 扣 0.17m+$4\frac{3}{4}$in 钻铤 64.9m+ 变扣 0.19m+$3\frac{1}{2}$in 油管 755.87m+ 短节 1.51m+RD 循环阀 1.28m+ 变扣 0.27m+ 扶正器 1.74m+ 变扣 0.45m+$3\frac{1}{2}$in 油管 18.83m+ 短节 1.74m+ 压力机托筒 0.71m+ 变扣 0.24m+7in 封隔器 3.04m+ 变扣 0.5m+ 扶正器 1.74m+ 变扣 0.44m+ 筛管 2.44m+ 丝堵 0.15m。

通过自主设计软件计算得出：管柱整体悬重约为 23.97t，套内摩擦系数在 0.2~0.3 之间，通过计算发现，管柱在井筒内最大井斜角处所受摩擦阻力为 4.48tf，远小于管柱自重产生的下行力为 8.8tf，管柱能顺利起下，现场作业十分顺利。

本井的顺利施工为大斜度井作业提供了一套可行的方案，通过优化钻具组合和摩擦阻力计算，编制了合理化施工方案，标志着 Agadem 油田用于造斜点浅、测试井段浅的大斜度井的特色技术成功形成（图 6.19）。

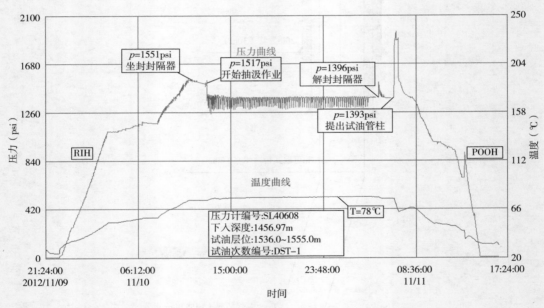

图 6.19　Gabobl-1D 井 1536.0~1555.0m 层段试油压力曲线

四、含硫化氢井试油配套技术

1. 高含硫化氢井试油难点

回顾尼日尔沙漠油田勘探开发历史，自 2012 年发现第一口含硫化氢的井以来，先后有 6 口井在测试过程中监测到硫化氢产出，浓度在 92~190ppm（表 6.15）。

硫化氢是剧毒、易爆、含有极强腐蚀性的气体。含硫化氢井的试油对井控要求高，在试油施工打开地层时，必须做到有效控制，避免硫化氢的泄漏造成人员伤亡和设备的损害。

表 6.15 含硫化氢井统计

井号	层位	硫化氢浓度（ppm）	日期
Dougoule EX-1	DST-2	145	2012-4-18
Dibeilla C-1D	DST-3	142	2012-5-15
Karam-3	DST-3	95	2012-5-26
Dibeilla C-1D	DST-5	92	2012-5-27
Abolo-1	DST-3	130	2012-7-4
Abolo-2	DST-3	190	2014-5-1

2. 含硫化氢井试油作业注意事项

防硫化氢流程及应急预案是实现现场硫化氢有效控制和防护，保障人身安全，确保含硫化氢井试油作业实施的有效手段。

通过不断总结，在 Agadem 油田制定了含硫化氢井试油作业流程及注意事项：

（1）在试油过程中若发现硫化氢，应立即关井监测。

（2）启动应急预案，人员撤离到集合点。

（3）对现场作业人员进行硫化氢知识宣贯，保证每个人都了解硫化氢的特性，明确硫化氢存在的地区应采取的安全措施以及现场急救。

（4）检查硫化氢检测仪、自含氧呼吸器（SCBA，试油队不少于 6 个）、大排风扇、风飘、报警器等数量、性能和摆放位置是否符合标准，满足要求。在司钻位置、抽汲位置和储油罐位置设置硫化氢检测仪。

（5）相关操作人员携带正压呼吸器，佩戴好面具。

（6）其他人转移到集合点（安全呼吸区域）待命。

（7）抽汲期间，对钻台抽汲树不再进行泡泡头观察。

（8）钻台及计量罐区域安装大功率硫化氢排气扇。

（9）持续监测空气中硫化氢含量。

（10）准备就绪后开始准备求产，打开井口进行试油，并在放喷管线出口点火燃烧掉硫化氢气体，试油结束后用碱性压井液进行循环压井。

该流程保障了 Dougoule EX-1 井、Dibeilla C-1D 井、Abolo-2 井和 Abolo-1 井试油作业安全进行，几口井均实现成功试油，其中 Abolo-2 井 DST-3 层硫化氢含量高达 190ppm。

五、异常高温井试油技术

1. 异常高温地层试油难点

Agadem 油田地温梯度范围在 3.29~3.56℃ /100m，井温较高，对于部分井深超过

3000m 的油井，井底温度可达到 150℃ 左右，有时甚至更高。对井下试油工具耐温性能提出了更高要求，特别是封隔器胶筒在井下高温条件下，易发生热变形，导致坐封不严、密封失效，最终影响试油作业。

2. 异常高温井试油工艺改进

井筒温度分布与以下参数有关：油管外径、岩石热导率、地层热扩散率及计算点垂深等。其中，岩石热导率和地层热扩散率对井筒温度计算结果影响较大。因此，在确定已知参数时，明确地层物性及岩性特征对于井筒温度的准确计算尤为重要。建立合理的数学模型，编制软件对作业井的温度场进行预测是非常有必要的。

结合 Agadem 油田 E1、E2 储层的物性及岩性特征，优选出适合于本区块的物性参数：热扩散率取（0.5~1.1）× 10⁻⁶m²/s，岩石热导率取 2~4W/（m·℃），地表温度取 32℃。

针对异常高温层试油，有两种方法可供选择：一是现场配备耐高温封隔器；二是在当前没有耐高温封隔器的情况下，根据邻井井底情况，通过软件计算提前预测试油目的层温度，从而计算封隔器合理的下入深度及坐封位置，尽量将封隔器坐封深度与目的层位置之间距离拉大，由此避开高温对封隔器胶筒的损害，避免封隔器坐封失效，确保一次性试油成功。

3. 典型井应用实例

Hadara W-1 井是 Hadara 勘探区一口探边探井，完钻在 Donga 组。计划试油三个层位，测井解释均为油层，井筒基础数据见表 6.16。

表 6.16　Hadara W-1 井井筒基础数据

描述	导管	表层套管	生产套管	描述
钻头尺寸（in）	24	17¹/₂	12¹/₄	8¹/₂
深度（m）	30.00	458.00	2586.00	4030.00
套管尺寸（in）	20	13³/₈	9⁵/₈	5¹/₂
套管头（m）	10.45	9.98	9.34	1603.43
套管鞋（m）	30.00	456.04	2583.67	4024.14
浮箍深度（m）		443.38	2571.33	3990.27/4012.62
固井水泥返深（m）	地面	地面	未测量	未测量
扶正器个数（个）		10	50	40
测试阀深度（m）				3989.95

Hadara W-1 井在 3789.5~3797.5m 层开展试油作业时，反复出现封隔器坐封后验封合格，但抽汲一段时间后发现环空液面消失，灌满环空后解封，封隔器重新坐封，验封合格后抽汲，环空液面再次消失的情况。发现是由于封隔器胶筒在高温下变形，导致封隔器失效。该井遭遇异常高温地层，地层温度高达 166℃，试油工作因此遇阻（图 6.20）。

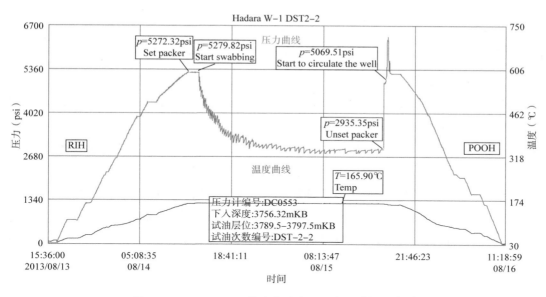

图 6.20　Hadara W-1 井试油温度、压力 - 时间曲线图

作业前，根据邻井参数，利用井筒完井力学计算程序，模拟计算出作业井井下温度场数据，由此指导管柱设计，计算出封隔器合理坐封深度（图 6.21 和表 6.17）。

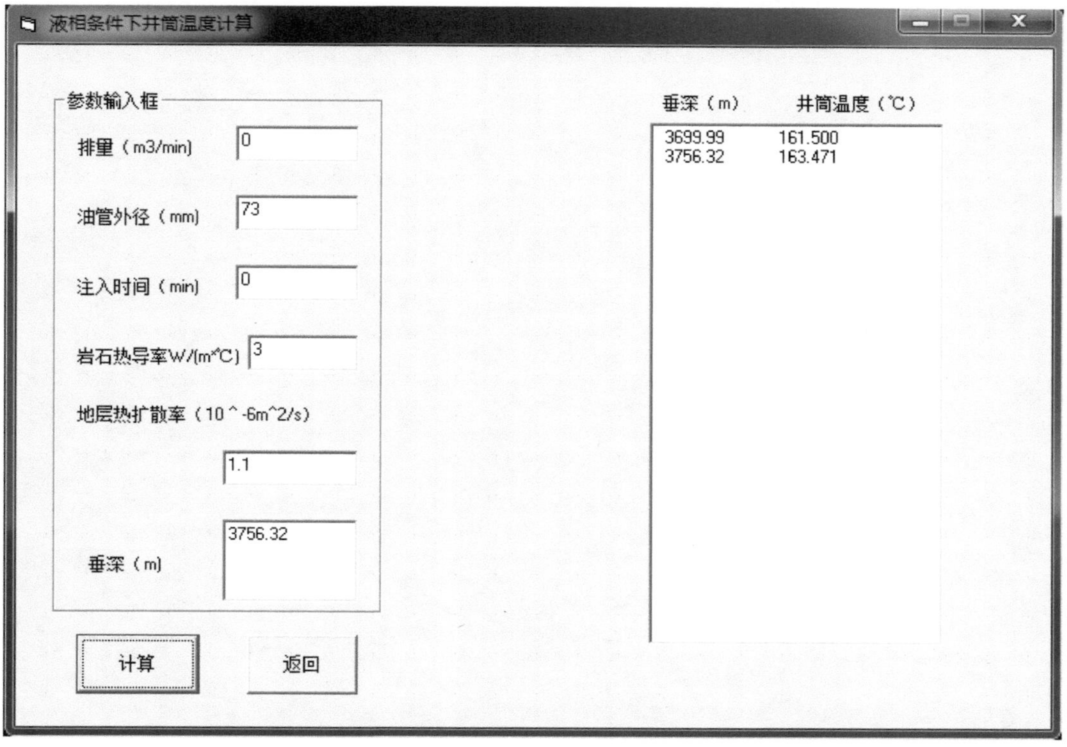

图 6.21　Hadara W-1 井液相条件下井筒温度场计算

表 6.17　井筒实测温度与拟合温度数据统计表

井号	套管外径 （mm）	产层 （m）	压力计深度 （m）	实测温度 （℃）	计算温度 （℃）	误差 （%）
Hadara W–1	139.7	3734.0~3748.5	3699.99	163	161.5	−0.92
Hadara W–1	139.7	3789.5~3797.5	3756.32	166.06	163.47	−1.56

通过上述对比，表明该程序对于井筒温度的预测能力。从表中可以看出，针对 Hadara W-1 井第二、第三试油层的计算温度与实测温度基本一致，误差分别是 0.92%、1.56%。总体来说，温度模型的适应性较高，计算结果较为准确，能满足工程要求。

针对异常高温试油井封隔器受温度影响造成失封的情况，采用远距离封隔器坐封方式处理特殊情况，解决了该井的试油问题。由此形成了一套 Agadem 油田异常高温井安全、可靠的试油技术，为现场作业节省了大量时间，缩减了作业成本。

第七章　Agadem 油田带压作业

在井下作业施工中，在不将油气井压死的情况下，利用地面专用防喷设备在井口压力受控条件下进行的作业被称为带压作业，通常包含连续油管作业、钢丝作业、电缆作业、井口维护作业等。Agadem 油田主要的带压作业为钢丝作业和电缆作业。

第一节　钢丝测试作业

一、地面设备

钢丝作业就是利用绞车上的钢丝，利用机械的上提和下放达到对井下工具进行操作的作业（图 7.1）。

Agadem 油田现有钢丝作业设备 2 套，主要从事取样、静压测试、探砂面、打捞等作业，年平均作业 50 井次。

钢丝作业设备主要包括三部分：钢丝绞车、动力系统、地面工具及设备。

钢丝绞车安装有钢丝滚筒，配备指重装置和深度计量装置，如图 7.2 所示。

指重装置用来指示钢丝上承受的拉力，避免钢丝承受拉力超过拉力强度而被拉断。指重装置由两个部分组成，其中一个在操作间内，传感器安装在地滑轮支架和采油树之间。

深度计量装置是利用钢丝从绞车上放出长度的方法，计量仪器从井口入井的深度。

图 7.1　钢丝作业

图 7.2　钢丝绞车

其中，地面设备包括防喷管、防喷器、液压防喷盒、地滑轮等。

防喷管带有快速连接接头，管子能够承受高压。作用是用于在地面辅助井下工具设备入井。防喷管下部连接放喷阀，上部连接防喷盒。

选择防喷管要考虑尺寸和长度，内通径和长度是由入井的井下工具决定的，单根防喷管的长度一般为 1~3m，公称通径为 52mm、65mm、78mm，防喷管的压力等级分为 35MPa、70MPa、105MPa、140MPa（图 7-3）。

图 7.3　钢丝防喷管

防喷盒是钢丝作业的第一道井控压力屏障，它的作用是方钢丝从上方通过时，保持动密封，防止井内压力和油气外泄（图 7.4）。

图 7.4　防喷盒

Agadem 油田现场钢丝设备防喷器组为双闸板，包含一个全封闸板防喷器和一个钢丝半封闸板防喷器。防喷器组是钢丝作业的第二道压力屏障（图 7.5 和图 7.6）。

图 7.5　钢丝设备防喷器组

图 7.6　地滑轮

二、常规钢丝作业

钢丝作业设备简单，价格便宜，井下工具种类多，适用工作范围较广。在 Agadem 油田的主要作业包括探砂面、打铅模、静压测试等。

1. 通井校深

钢丝设备在 Agadem 油田的主要作业为通井校深，包括探人工井底、探砂面、探油管下深及探鱼顶深度，主要携带的井下工具为通井规和油管定位器，如图 7.7 和图 7.8 所示。

图 7.7　通井规

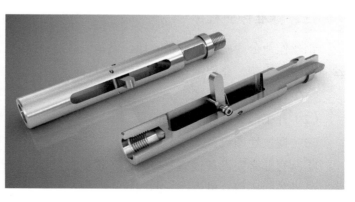

图 7.8　油管定位器

图 7.9　铅模

2. 打铅模

铅模由接箍、短节、拉筋及铅体组成。铅模选择时，外径尺寸要小于油管内径尺寸 4mm 以上（图 7.9）。

利用铅硬度小、塑性好又易变形的特点，通过分析铅模与鱼顶接触留下的印迹和深度，反映出鱼顶的位置、形状、状态、套管变形等初步情况，作为定性依据，为下一步打捞作业提供参考。

铅模入井前，铅印底面一定修整平整，使用时向下震击一次，不可重复震击，防止铅印变形造成软卡，或破坏铅印原始形态，干扰判断。

3. 静压测试

井底压力监测是油田开发必要的手段，利用钢丝将电子压力计投放至井底，电子压力计如图 7.10 所示，在井底压力和温度的作用下，让压力计产生不同频率的震荡，并自动将处理的频率值记录在压力计自身的存储器中。取出压力计后，通过系数换算，将采集的压力和温度频率信号换算成真实的压力和温度值，从而获取井底的温度和压力数据。

图 7.10　电子压力计

三、标准作业程序

钢丝作业分为施工前准备、地面设备安装、试压、工具入井作业等几个部分。以钢丝通井校深为例，介绍钢丝作业程序。

（1）设备搬家至井场。

（2）开工前召开会议，并记录。

（3）摆放地面设备：

①所有非必要设备远离井口，并布置于上风口位置；

②设备间要留有供人通行的间距。

（4）检查井口阀门情况，并对阀门进行试压，做记录。

（5）关井，卸掉井口压力，确认采油树各阀门压力为零。

（6）按照作业标准连接钢丝防喷管、防喷器组与井口，试压并记录，低压 300psi 试压 5min，高压 2700psi 试压 10min；满足试压情况如图 7.11 所示，不满足情况如图 7.12 所示。

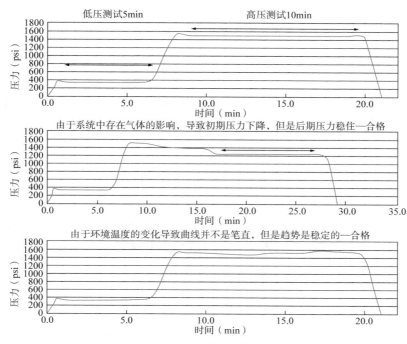

图 7.11　满足试压标准的情况

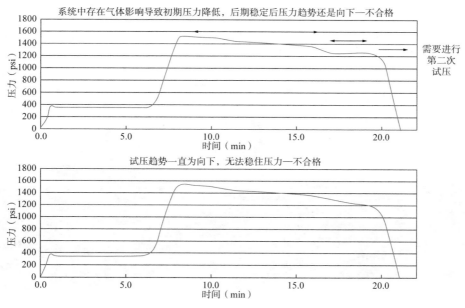

图 7.12　试压不合格曲线

（7）连接合适尺寸的通井规，确认井下最大尺寸油管的情况。

（8）钢丝设备起下速度不大于 30m/min。

（9）根据井下管柱情况，更换不同尺寸的通井规，获取其他尺寸油管、井下滑套等信息，测绘出整个井下管柱的形态。

（10）钢丝入井工具中连接油管深度定位器，探井底后，上提钢丝校核油管下入深度。如果工具无法顺利通过油管，钢丝服务队伍须及时上报信息，由项目公司对下一步施工作出决策。

（11）上提钢丝时，当距离井口 50m 左右时，将速度降至 10m/min；当确认井下设备完全进入放喷管内时，关井，释放井口压力。

（12）拆除井口设备。

（13）还原采油树，并对阀门试压并记录。

第二节　电缆测井作业

一、地面设备

Agadem 油田现有电缆测井设备 8 套，主要从事生产测井、饱和度测井、腐蚀测井等套后测井作业，年平均作业 330 井次。

电缆作业设备主要包括三部分：电缆绞车、动力系统、地面工具及设备（图 7.13）。其中，地面设备包括防喷器、防喷管、液压防喷盒、地滑轮等，地面设备组装如图 7.14 所示。

图 7.13　电缆作业车

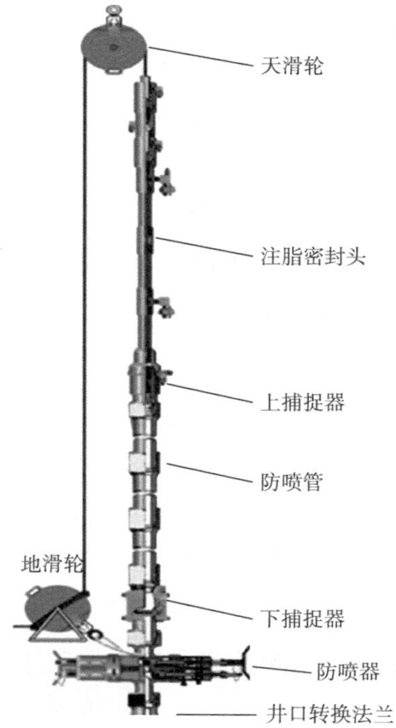
天滑轮
注脂密封头
上捕捉器
防喷管
地滑轮
下捕捉器
防喷器
井口转换法兰

图 7.14 电缆作业地面设备组装图

二、典型电缆作业

Agadem 油田电缆设备主要作业为测井作业，包括储层评价测井、生产剖面测井、吸水剖面测井、固井水泥胶结测井及井径测井等工程技术测井。

1. 生产测井

产出剖面测井（Production Logging Tool，PLT）主要是获取油（气）生产井的生产动态资料，包括划分产液剖面，了解生产动态；时间推移测井，监测生产动态；注、采剖面对应分析，指导油水井（井组、区块）调剖挖潜；有条件地反映油井工程技术状况，为采取增产措施提供依据。

吸水剖面测井（Injection Logging Tool，ILT）为获取注水井的注水动态资料，包括分层注水量、注水强度等（图 7.15）。

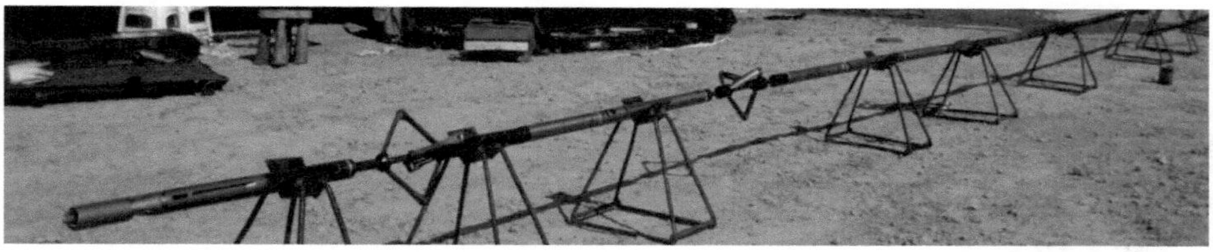

图 7.15 PLT/ILT 测井工具串

测井资料反映注水井各射孔注水层位自然注水情况和配注后分层段及分小层的注水情况，显示出各个注水层位之间的矛盾；每个注水层不同部位的注水情况，显示出同一注水层不同部位的矛盾，反映了地层的非均质性；反映有关注水井的技术状况。进而分析出油井分层产液状况。

Agadem 油田现场使用产出剖面五参数测井技术，主要包括井温、流量、压力、磁定位、含水率五个参数。应用这些参数既可以对高含水层实施堵水作业，又可以对低产层进行挖潜改造。引进阻抗式环空找水仪后，避免了客观因素的影响，提高了测量精度。

2. 固井水泥胶结测井

固井水泥胶结测井（Cement Bond Logging，CBL）用于了解套管外储层性质的变化，包括确定油、气、水层及其界面，确定油层水淹程度和剩余油饱和度等地质参数。确定水泥面上返高度；检查水泥与套管之间（通常所称的第一界面）的胶结情况；检查水泥与地层之间（第二界面）的胶结情况；检查水泥沟槽情况，为射孔、试油分析提供资料。

Agadem 油田应用扇区水泥胶结测井仪，该仪器用于水泥固井的套管井，检测固井质量，评价套管与水泥环（第一界面）在 360° 周向上的胶结情况，了解轴向及径向窜通的技术依据，检查窜槽的存在，定性评价水泥环与地层（第二界面）的胶结状况。仪器结构如图 7.16 所示。

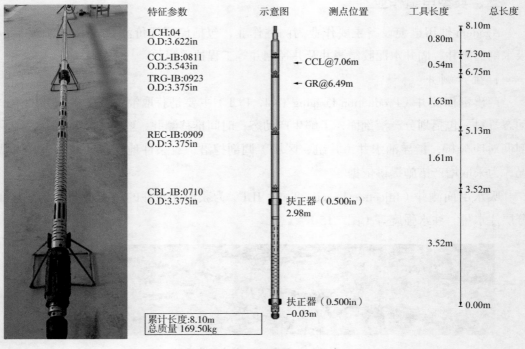

图 7.16　CBL 测井井下工具串

仪器特点及优点：

（1）能同时测量八扇区水泥胶结图和 3in 声幅及 5in 变密度信号。

（2）信号受钻井液密度影响小。

（3）可靠性高，维护要求低。

3. 储层评价测井

储层评价测井主要是确定储层水淹情况、剩余油分布，对储层再评价；指示动用层和未动用层，判断水淹程度，挖掘油层潜力；时间推移测井，监测储层动态。为调整开发方案、提高采收率提供依据。

Agadem 油田使用的主要饱和度测井方式为碳氧比能谱测井（C/O 模式饱和度测井），能够提供诸如地层饱和度、剩余油饱和度和原始地层流体参数，它还能为油田挖潜、油层改造、区分油水界面、确定水淹层和划分水淹等级提供基础数据，从而更好地监视地层动态，掌握地下油水变化规律及剩余油的变化情况。

C/O 模式饱和度测井的工作原理是利用快中子与地层中的原子核发生非弹性散射和弹性散射的反应，可将中子的寿命分为快中子、减速、扩散、俘获四个阶段。在快中子阶段，中子与原子核发生非弹性散射而产生伽马射线，记录这些伽马能谱并用其分析储集层，就可以确定地层中含有元素的种类及其含量。由于油中含有大量的碳，水中含有大量的氧，利用碳、氧能窗内的伽马计数的比值（通常称为 C/O）就可以确定地层的含油量，从而了解储层的剩余油分布，如图 7.17 和图 7.18 所示。

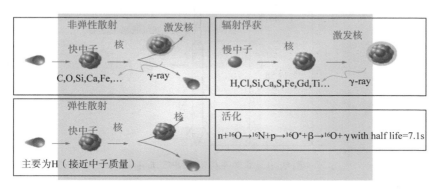

图 7.17 C/O 饱和度测井原理

图 7.18 C/O 饱和度测井井下工具

4. 腐蚀测井

Agadem 油田使用的井径仪属于机械式井径测量仪器，仪器的优点是测量精确度比较高，测井曲线反映出的套管变形状况比较详细。仪器的传感器采用的是非接触式位移传感器，其特点是测量精度及灵敏度都比较高，同时在仪器使用过程中传感器没有磨损，减少了对传感器的维修量，从而可以增加仪器的使用寿命。

该仪器的技术特点是能同时测得多条单臂井径曲线，仪器每个臂的直接测量值为套管半径值，可用来确定套管的变形、错断、弯曲、内壁腐蚀等（图 7.19 和图 7.20）。

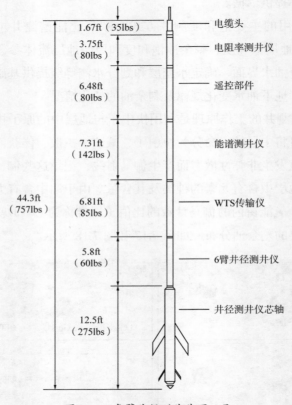

图 7.19　多臂井径测井井下工具

图 7.20　多臂井径测井工具串

三、电缆作业标准作业程序

电缆测井作业分为施工前准备、地面设备安装、试压、工具入井等几部分。以注水井吸水剖面测井为例，介绍电缆测井作业程序。

（1）设备搬家之间，与生产部门注水站确认，确保注水井保持稳定的注入。

（2）设备搬家至井场。

（3）对井口阀门进行功能性测试，记录井口各阀门压力。

（4）召开开工前会议。

（5）地面设备摆放。

（6）按照标准对采油树阀门试压，试压合格后，释放压力，确保压力为 0。

（7）按照作业标准将电缆防喷设备与井口连接，并对设备进行试压。

（8）打开采油树阀门，下入通井规探深。

（9）提出校深工具，关闭采油树阀门，拆下防喷管和井下工具。

（10）地面组装注水剖面测试设备，井下工具包括加重杆、伽马、磁定位、压力计、扶正器、全通径测试仪。

（11）安装防喷管，试压。

（12）按照标准作业程序下入吸水剖面测试井下工具串。

（13）校核深度，当仪器到达射孔段上部 10m 时，停止下放，停留 5min，记录温度和压力值。

（14）分别以 10m/min、20m/min、30m/min 下放上提（射孔层段上、下 15m），分 3 次测量射孔层段注水情况。

（15）上提电缆管串至射孔段顶部以上 10m，停止。

（16）稳定监测 1~2h。

（17）通知注水站停止该井注水，记录压力恢复 12h 以上。

（18）提出井下电缆工具串，按作业前原始状态还原井口。

（19）井口阀门试压并记录，电缆设备搬家离开井场。

第八章 Agadem 油田环境保护工艺技术

采用化学与物理相结合的方法，通过化学工艺和撬装式设备流动治污，可实现含油危废钻井液的泥砂、油水分离，修井废液处理速度 7~8m³/h，满足处理要求，所有检测结果均符合尼日尔相关环保排放标准，实现了适宜 Agadem 油田沙漠地区苛刻环境下的试油、修完井清洁化作业。

第一节 废液无害化处理技术

一、技术原理

修井作业废液收集、除油后，加入絮凝、助凝等药剂处理，达到脱稳破胶、混凝沉淀，将其中高分子有害物质氧化为小分子无害物质，重金属离子等变为不溶于水的沉淀，经脱水设备脱水后，制成无害化滤饼。

经脱水设备排出的滤液，再经水处理设备进行二次絮凝、助凝，随后通过微电解深度氧化、沉降、过滤等步骤，将滤液中剩余的致使 COD_{Cr} 值高及色度高的高分子有害物质处理分解为无害物质，使处理后的废液实现无毒、无害，达到牲畜可以直接饮用的标准，直接排放。

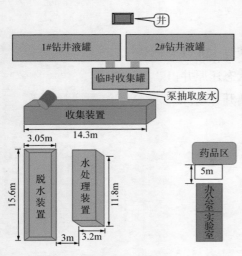

图 8.1 修井现场处理设备摆放示意图

二、设备配套

Agadem 油田废弃物处理现场配套设备包括废弃物收集装置、除油装置、废液脱水装置、水处理装置、工具房及实验室等（图 8.1和图 8.2）。废弃物收集装置靠近修井机一侧布置。

图 8.2　修井处理设备摆放现场

三、工艺处理流程

废液无害化处理流程如图 8.3 所示。

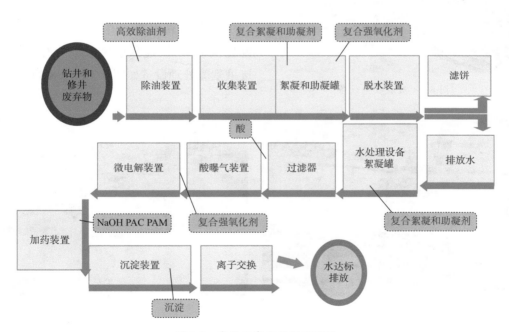

图 8.3　废液无害化处理流程图

1. 除油

通过在除油器中加入高效除油剂，可以去除原油，使含油量低于 50mg/L。高效除油剂根据三种药剂配比而成，可以在除油过程中高效分解原油（图 8.4 和图 8.5）。

图 8.4　除油器

图 8.5　除油装置

2. 废弃物收集

除油后的废液全部收集进入废液收集罐中，过程中无遗漏（图 8.6）。

图 8.6　废液收集设备

3. 废钻井液的复合絮凝、助凝和强氧化

在修井液脱水设备的预处理装置中添加复合絮凝、助凝药剂（由 4 种化学药品配比而成），快速把废液中的有害物质转化到水中，并使吸附水转化为游离水。之后添加复合强氧化剂（由 2 种不同的氧化剂配比而成），快速分解废液中的有害物质。废液絮凝处理设备如图 8.7 和图 8.8 所示。

图 8.7　絮凝处理设备

图 8.8　絮凝处理设备内部

4. 钻井液废液脱水

利用钻井液脱水装置对钻井液脱水，设备如图 8.9 所示，并制成无害化滤饼；滤液统一收集进入水处理设备预处理装置中。经处理的无害化滤饼可以循环使用，用于农耕或者制作路面砖，如图 8.10 所示。

图 8.9 脱水设备

图 8.10 处理后的无害化滤饼

为便于铲车装卸作业，在脱水装置滤饼排放端加设一个滤饼收集槽，这样对作业时地面上铺设的防渗膜也能起到保护作用，如图 8.11 和图 8.12 所示。此整改措施经实施后证实可行、实用，并易于搬家运输。

图 8.11 改进前的滤饼暂存器

图 8.12 改进后的滤饼收集器

5. 滤液的二次絮凝和助凝

通过添加复合絮凝、助凝剂，使有害物质溶解在水中，絮凝产物沉淀后回收进入泥浆收集装置，随废泥浆进入泥浆脱水工序（图 8.13 和图 8.14）。

图 8.13 废水处理设备

图 8.14 处理前、后的水样对比

图 8.15　过滤器

6. 过滤器

过滤器的作用是去除上一道工序出水中的悬浮物（图 8.15）。定期反洗过滤器，将反洗出水收集进入水处理设备预处理装置中，随泥浆脱水过程中产生的滤液一起进行处理。

7. 酸曝气

由过滤器出来的处理液进入酸曝气设备，进行曝气处理，如图 8.16 和图 8.17 所示。通过加酸控制 pH 值在 3 左右；进一步除油，使含油量低于 10mg/L。

图 8.16　酸曝气设备

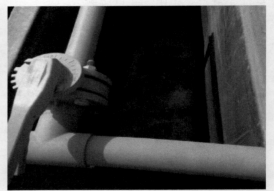

图 8.17　酸曝气

8. 微电解

经酸曝气设备处理后的水将传送到微电解设备，通过微电解反应，分解高聚合有机物，去除绝大多数有害物质（图 8.18 和图 8.19）。

图 8.18　微电解池

图 8.19　微电解处理过程

9. 沉淀

在微电解出水进入沉淀装置的管道上顺序加入碱、复合絮凝剂、助凝剂，调节 pH 值，等待沉淀。定期清理沉淀物，返回泥浆脱水设备预处理装置中，同废泥浆一起进行处理（图 8.20 和图 8.21）。

图 8.20　中水沉淀装置

图 8.21　沉淀过程

10. 离子交换

经沉淀装置处理后的废液进入离子交换装置，去除水中的多余离子。

11. 水样检测

对经处理后的水，在室内进行检测、化验（图 8.22 和图 8.23）。

图 8.22　处理后水现场取样

图 8.23　水样实验室检测

12. 达标排放

经室内检测合格的水达到直接排放标准，可用于农田灌溉、浇灌井场或回注地下；同时，经现场动物直接饮用检测，证明处理后的水无毒、无害（图 8.24 和图 8.25）。

图 8.24　处理后水达到排放标准　　　　　图 8.25　处理后水满足动物直饮标准

第二节　偏远试采井原油处理技术

对偏远探井开展试油、试采作业时，由于井位距离油田基地和油气中心处理站距离较远，无法连接生产管线，试采过程中产出的原油面临无地储存、无法运输的问题。

Agadem 油田按照资源国安全、环保要求，形成一整套偏远井试采作业原油处理工艺，解决了原油无法储存、装载、运输及卸油的难题，保证了偏远井试采作业过程中原油不落地，全部回收进站。

一、原油处理工艺

1. 施工组织

试采作业前，首先评估论证试采方案可行性，各类设备的改造及基建工作提前完工，试采作业现场及原油处理所需人员、设备全部到位。各承建单位职责如图 8.26 所示。

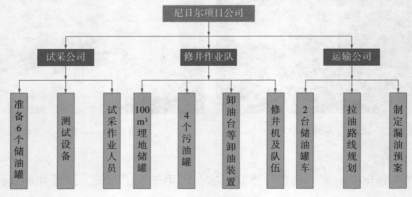

图 8.26　施工组织

2. 原油储存流程

现场设备到位，连接好地面管线，按标准完成试压。

井下电泵开机，调节电泵功率，试抽，稳定生产。原油出井口，进入地面原油测试流程。通过地面管汇，进入三相分离器，分离出的气通过防喷管线至燃烧坑，油通过计量罐计量后，经原油传输泵至储油罐（图 8.27）。

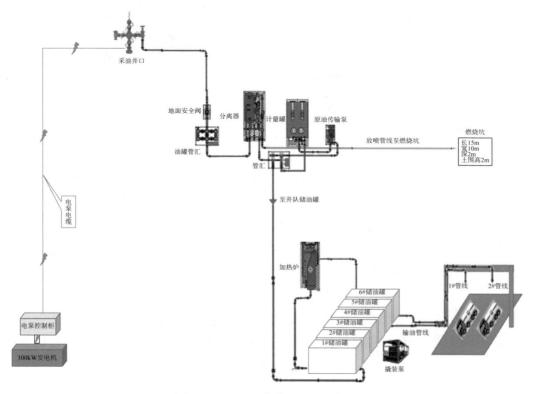

图 8.27　油田试采作业现场设备摆放

3. 现场原油装车流程

由现场设备分离出的原油，进入储油罐区进行简单沉降处理后，临时储存。现场配备 6 个简易储罐，其中 1# 储油罐用于油砂沉降，2#~6# 储油罐用于储油、外输，如图 8.28 所示。若遇原油凝固情况，则两个罐可连接水浴加热炉，对外输原油进行升温。

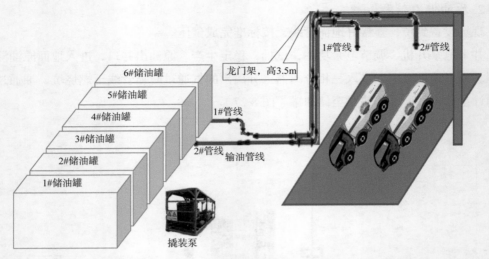

图 8.28　油田原油装车流程

再经过原油装卸管线，装车后，由卡车拉运外输。装车流程如图 8.29 所示。

图 8.29　原油装车流程

4. 原油运输流程

运输公司根据试采井产量制定运油车次，单车运油载重 12.5m³，根据现场产量，制定合理工作制度，运油至距离最近的生产井管线。

5. 原油卸油流程

在距离试采井最近的生产井旁边，提前预制卸油台 2 个，可同时满足 2 台车卸油；将卸油台垫高，方便快速卸油；方圆 20m 设立警示标志。油罐车卸油示意图如图 8.30 所示。

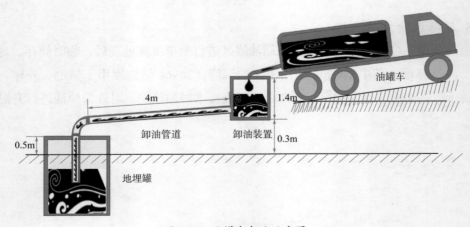

图 8.30　油罐车卸油示意图

满载原油的卡车到达井位后，行使至卸油台上，利用重力倾角快速卸油，原油通过卸油装置，经卸油管道，进入地埋罐中。卸油流程如图 8.31 所示。

6. 原油进站

原油由卡车卸油至地埋罐后，通过撬装泵泵入生产管线，后经生产管线进入原油中心处理站。原油管线进站示意图如图 8.32 所示。

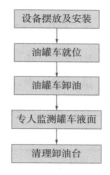

图 8.31 油罐车卸油流程

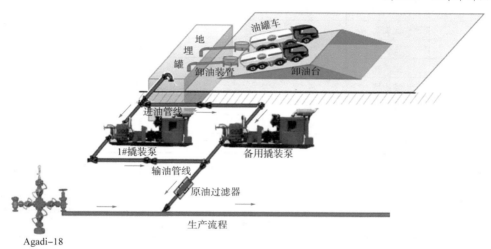

图 8.32 原油管线进站示意图

7. 相关应急预案

为确保试采作业圆满完成，Agadem 油田从原油采出、地面管线输送、储油罐储存、运油车装载、原油沙漠运输及卸油进管线等整套作业流程考虑，识别任何可能存在的风险点，并制定各类应急预案共 8 项，从源头杜绝施工风险，排除安全隐患（表 8.1）。

表 8.1 偏远井试采作业应急预案

序号	应急预案名称
1	测试压力泄漏防控方案
2	试采过程中 H_2S、可燃气体泄漏防控方案
3	试采期间社会风险防控预案
4	试采原油泄漏防控预案
5	试采作业现场着火防控预案
6	油罐区风险识别及防控预案
7	作业过程中风险识别及消减预案
8	运输过程防原油泄漏预案

二、设备配备

按照试采井具体施工规模，配置试采井作业现场及生产井转油现场相关设备。

试采作业现场须准备发电机组、照明器材、原油泵、空压机、储油罐、三相分离器等测试设备、控制柜、地面管汇，以及消防设施等设备。详细见表8.2。

表8.2　试采井作业现场设备配备表

序号	名称	数量	用途
1	300kW 发电机	2台	提供现场照明、电泵工作电力及污油罐输油泵电力
2	现场照明器械	1套	夜间工作照明
3	撬装泵	1台	现场装油备用
4	隔膜泵	1台	现场装油备用
5	空压机	1台	提供隔膜泵气源
6	储油罐	6个	储存原油
7	测试区域设备	若干	—
8	电泵控制柜	1个	控制电泵启停
9	泡沫灭火车	1台	扑灭原油着火

邻近生产井转油现场须准备人员宿舍、发电机组、照明设备、厨房等生活设施、转油泵及消防设施等。详细见表8.3。

表8.3　生产井转油现场设备配备表

序号	名称	数量	电器功率（kW）	用途
1	12人间	1栋	8	雇员住宿
2	中方8人间	2栋	12	中方人员住宿
3	厕所	1栋	8	
4	冷库	1个	2	储存食品材料
5	发电机	2台	—	CPF 提供30kW 电量不能满足现场生产生活需求
6	现场照明	1套	4	夜间施工照明
7	水井泵	1台	11	提供生产生活用水
8	厨房	1栋	16	现场24h值班，后勤保障
9	油水罐	1栋	2	生活用水、用油
10	撬装泵	1台	—	从地埋罐抽油，泵入生产井流程
11	备用泵	1台	—	特殊情况下应急使用
12	皮卡车	2台	—	人员出行沟通及应急时使用
13	网络及电话	1套	—	邮件沟通，每日文字汇报，应急联络
14	地埋罐	1个	—	整罐能够密封，带4in由壬
15	清水罐	1个	—	特殊情况下需要对生产管线进行扫线，备用清水罐
16	营房	1栋	12	技术支持人员临时住宿
17	泡沫灭火车	1台	—	扑灭原油着火

三、典型井应用实例

1. 施工概述

Koulele C-1 井为 Agadem 油田一口偏远试采井，该井距离 Jaouro 基地分别为 93km、96km；距离 Agadi-18 井（卸油井）距离分别为 61km、63km；距离 CPF 分别为 96km、97km。

计划单井试采周期为 1 个月，预计日产量大约 600bbl，根据试油资料统计，Koulele C-1 原油倾点 12℃，黏度 262mPa·s（50℃）。

2. 施工过程

1）施工前的准备

在试采工作开始之前，尼日尔项目公司部署乙方服务公司，有针对性地制作了原油过滤器、装油台装油龙门架、卸油台卸油装置，并对现场 2 个井场的储油罐进行改造，以满足现场装油和卸油的使用需求。原油过滤器保证干净原油进入生产流程；装油龙门架保证罐车装油安全；Koulele C-1 井场对单独的储油罐进行改造，组成一套含沉砂、储油、泵油功能的专用储油罐系统；Agadi-18 井对储油地埋罐进行了加工改造，保证原油在不受污染的情况下安全、顺利地泵入生产流程。

2）现场实施

（1）设备安装。

根据 Koulele C-1 井季风风向，在 5—6 月当地季风方向为东风，因此将计量罐区、储油罐区、燃烧坑设置在井口的下风向，即井口西边。同时，将营地设置在储油罐区的东边，且在地势较高的位置，以便确保作业期间的设备摆放安全（图 8.33~图 8.35）。

图 8.33　Koulele C-1 井储油装油区域

图 8.34　储油罐区域

图 8.35　装油龙门架

安装 Agadi-18 井设备。设备安装，所有设备、管线、闸门连接检查完毕，灵活好用。卸油台满足 2 台车同时卸油，分别使用 3 块钢木基础垫高 25cm，四周用砂子填埋，罐车将原油倒入卸油台，卸油时前轮垫高，方便罐车快速卸车。卸油装置由导管制作，高度为 1.7m。卸油管由 7in 套管制作，一头与卸油装置连接，另一头插入地埋罐 2m。卸油打油作业区域设消防沙墙，并在沙墙外 2m 设立隔离警戒带，在油罐车出入门口设置警示标志，卸油台上安装静电释放装置，并在油罐区附近设立消防站，配备足够消防器材（图 8.36）。

图 8.36　Agadi-18 井转油点卸油区域

（2）设备验收。

现场作业设备及试采设备安装完毕后由甲方各部门、长城项目部各部门进行验收，针对检查出的问题进行整改消项，验收合格后放开进行作业。

（3）Koulele C-1 完井作业。

根据完井设计，解开油层后下电泵完井，安装采油树，连接地面试采流程，电泵试运转，流程及设备试压合格，准备开始试采。

（4）试采生产作业。

原油从采油树生产出来进入油嘴管汇、分离器、计量罐。测试工程师24h值班进行化验、计量。计量完毕，将原油泵入储油罐，进行沉沙、储存、装罐。油罐车由专门的军车护送运往 Agadi-18 井回注入生产流程。在 Agadi-18 井设置卸油点，负责将试采期间生产出的原油回注入生产流程并输往 CPF 站。

本次偏远井试采工作，从2019年5月5日设备开始搬迁，5月8日开始设备安装，于5月14日通过甲方各部门验收，开展 Koulele C-1 完井施工作业；在2019年5月18日完井后，开始进入原油试采作业。历经40天，于2019年6月18日平稳、顺利地完成了 Koulele C-1 井的原油试采作业。

第九章　尼日尔沙漠油田作业组织管理

第一节　组织机构

尼日尔沙漠油田管理修井、试油的岗位主要包括作业部经理及副经理、总调度长、计划主管、修完井总监、试油总监、监督及工程师等（图 9.1）。

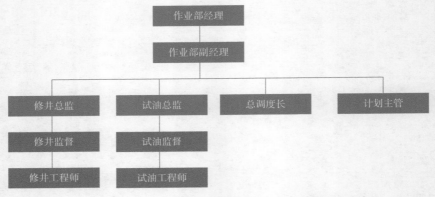

图 9.1　修井、试油相关作业组织机构图

（1）作业部经理，负责主抓作业部全面工作，包括修井、试油等全部作业项目的服务商招标、合同审批、计划制订、技术把控等。

（2）作业部副经理，主要负责跟踪管理作业现场作业动态，辅助作业部经理管理作业部日常工作，在经理外出时，代替经理全权负责作业部日常管理工作，向作业部经理汇报工作。

（3）总调度长，负责总体的钻修井运行计划部署，决定所有施工队伍的施工次序，负责运输相关的所有协调工作，并对这一阶段的安全负责，向作业部经理汇报工作。

（4）计划主管，岗位设置在尼日尔首都尼亚美，负责作业部预算、合同管理、材料采购和工作汇报等工作，向作业部经理汇报工作。

（5）修完井总监，对与修井及完井作业相关的所有技术措施、技术数据及作业安全工作负责，向作业部副经理汇报工作。

（6）现场监督岗，作为作业现场甲方代表，对承包商进行作业全过程跟踪指导，向总监汇报工作。

（7）工程师岗，在总监的带领下负责现场作业的数据管理、工程设计和考核工作，向总监汇报工作。

第二节　管理体系

一、合同管理体系

尼日尔项目公司作业合同体系由钻前准备、钻井、试油修完井和运输四大类别11项共计43个合同组成。主要工程技术服务和运输服务由中国石油长城钻探公司和沙漠运输公司承担，其余7家当地公司在内的其他11家承包商起到必要补充作用（图9.2）。

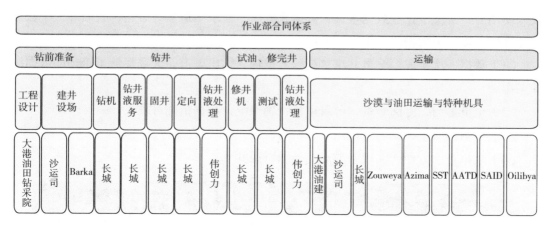

图9.2　尼日尔项目作业部承包商及合同体系

二、规章制度体系

尼日尔沙漠油田共编制三大类45项作业工作制度，拥有健全的作业制度体系，实现了安全、平稳、有序、高效作业施工（图9.3）。

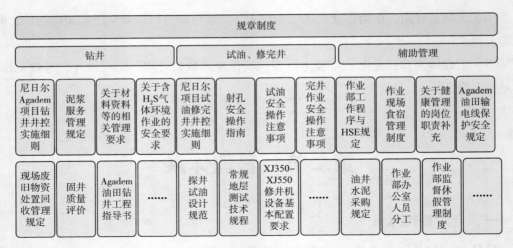

图9.3　尼日尔项目作业规章制度体系

三、数据管理与分析系统

尼日尔沙漠油田自主开发了修完井数据管理与分析系统（图9.4和图9.5）。该系统投入使用后，解决了作业数据量大、数据来源广、需求渠道多等难题，有效降低了数据统计难度、提高了数据管理工作效率：

（1）数据一次生成，全员共享，统一数据输入输出渠道，大幅降低了繁琐的数据统计工作。

（2）全员参与，专岗专责，分级审核，确保统计数据精准可靠。

（3）数据出口统一，可直接用于分析与发送。

（4）数据查询方便，实现了前后线数据资源共享。

图9.4　钻修井数据管理与分析系统软件登录界面

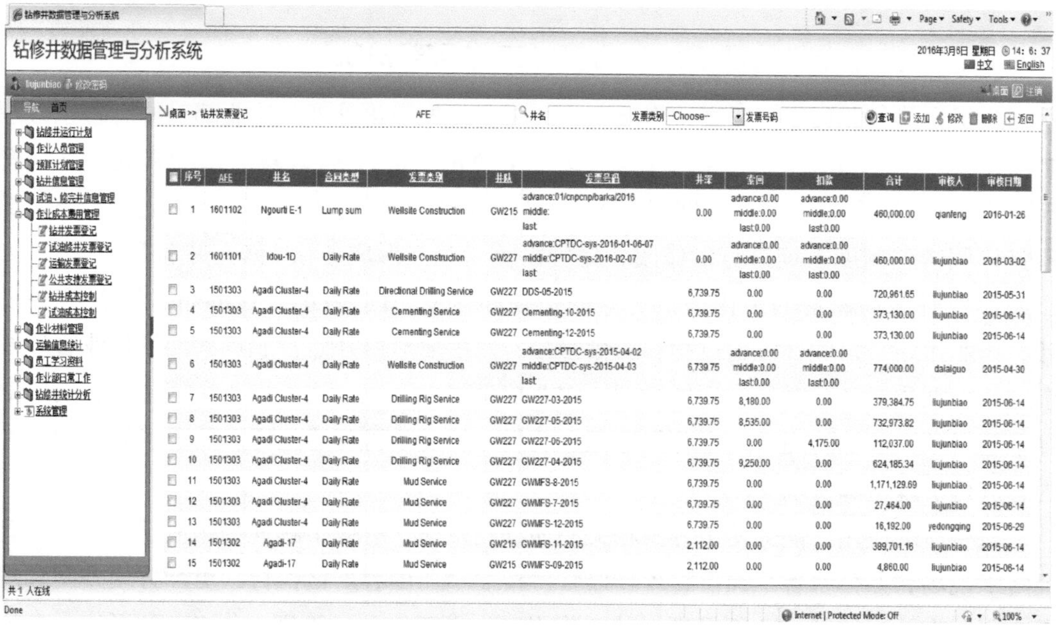

图 9.5 钻修井数据管理与分析系统软件操作界面

第三节 作业规章制度体系

尼日尔项目公司充分认识到建章立制是实施有效管理的基础，推行管理标准化是克服现场管理混乱局面的唯一有效途径。为此，下大力气将过去遇到的各种技术管理问题认真做了总结梳理，通过管理手段创新，整合原来杂乱无章的各项规章制度，制定有针对性的修完井技术措施文件，编写作业部内部管理手册和修完井事故与复杂档案等，并以此为基础在作业部推行内部管理和现场管理的规范化、流程化、标准化。

一、制定标准化作业指导书，为施工提供可靠保障

为进一步做好修井、完井施工作业，确保高效率、高质量地完成二期既定目标，提供解决钻修井各种复杂问题的预防措施，并帮助现场监督特别是新到项目监督对本项目地层及工艺有一个整体的认识，对在一期作业中存在的风险和解决办法有一个系统的了解基础上，作业部编制了《二期开发井钻修井设计指导书》《二期开发井钻修井施工指导书》《钻井液、固井、测井、定向井作业指导书》等一系列标准化作业指导书，从设计源头着手，全程指导施工作业，为钻修井作业关键施工阶段提供技术保障。

二、完善标准化管理手册，为管理工作保驾护航

为了完善作业程序，提高工作质量，加强监督规范化管理，作业部对原有各项管理制度，如：《搬家运输管理制度》《搬家运输事故预防措施》《现场废旧物资处置回收管理规定》《现场作业甲乙方管理规定》《AGADEM 油田输电线保护安全规定》、《作业部监督休假管理制度》等进行了修改、完善，重新编制形成《钻/修完井监督手册》，为二期作业时现场监督的工作提供有效的指导和帮助，同时配合 Agadem 油田修完井设计、作业指导书，做好施工过程和质量管控。该手册对修井监督职责和现场作业管理要求进行了细化规定，对日常现场管理、作业信息报表管理、施工作业实施管理、发票信息管理、搬家运输管理、安全环保管理、现场人员食宿管理等全部涉及现场管理的工作内容进行了规定和要求。

该手册的应用，能够使甲方及相关职能部门及时、有效了解现场作业动态，高效管理施工现场和办公室各个岗位，现场监督可按照手册内容严格执行，更加方便查阅和现场应用，有效降低了作业部管理者的工作强度，真正做到了管理工作"有章可依，有据可查"。对在执行过程中存在问题的监督，作业部在监督考核中，以手册工作内容为依据，对监督的工作进行考核评比。

三、持续修订井控细则和 HSE 体系，做好施工安全和环保工作

根据《中国石油海外探勘开发分公司井控管理规范》，为了进一步推进尼日尔项目公司井控管理规范化，提高井控管理水平，有效预防井喷、井喷失控、井喷着火事故的发生，保护环境和油气资源不受破坏，中国石油尼日尔上游项目公司修订了《修完井作业井控实施细则》，该细则以尼日尔沙漠油田现场为依托，更加具有针对性和操作性，更加适用于尼日尔地区油气田勘探开发的钻修井井控工作。

此外，根据尼日尔项目 HSE 管理规定和以往管理经验，完善了 HSE 管理体系。针对作业现场设备和人员健康、作业现场环保工作、废弃物处理工作、消防安全工作、HSE 培训制度、现场安保制度等内容，进行了详细规定，形成的 HSE 体系文件更有利于作业部进行现场管理，为安全、健康、快速实现项目目标提供管理体系保障。

第四节　施工过程管理

施工质量是影响现场钻修井作业的组织运行管理水平的重要因素之一。尼日尔沙漠

油田现场严把工程质量，控制隐性成本，规范施工工艺，狠抓质量管控，减少和避免钻修井复杂事故的发生，提高钻修井机使用效率，从源头上保证工程质量；及时汇报现场生产动态，实时指挥，确保施工顺利运行；严格审核工程质量，奖惩并举。确保施工质量安全可靠，防止无效作业、重复作业的出现，加快作业井优质、快速作业实质上就是提升作业管理水平的标准。近年来，钻完井周期保持下降趋势，2012~2017年钻井综合米进尺成本年均降幅达到2.77%。

通过招标引入甲级资质工程设计承包商，规范施工工艺。从源头上保证工程质量，以解决小毛病、小问题为抓手，贯彻防微杜渐思路，避免大的事故与复杂事件的发生。从工程技术人员编写工艺设计开始，严格把关，要求设计人员必须在前线进行设计编写工作，确保单井资料收集贴合现场实际情况，避免出现设计千篇一律，削弱对现场施工的指导作用；设计编写完成后，经工程设计承包商专家组评审审批及作业部现场总监审核，层层把关，从源头上保证工程质量。

井上监督每2个小时向项目公司汇报现场生产动态，总监实时监控现场作业，确保施工顺利运行。关键工序环节或出现可能会影响施工质量的情况时，现场总监及项目公司负责人实时跟踪指挥，严格监管现场操作，确保达到施工质量要求，提前做好风险分析和提示，将可能出现的重大施工质量问题解决在萌芽阶段。

开展年度甲乙方工程技术分析会议，总结当年工程技术经验和教训，确定次年工程技术指标，根据作业过程中遇到的新问题、新情况不断修订完善施工指导书，推行标准化作业，做到出现过的问题不再重复出现。推行标准化作业通过优化钻修井机部署、合同复议和合同修订、引入更多承包商、提高钻修井技术水平、狠抓质量管控等一系列方法进一步提升施工质量。

经过多年的严格执行，综合固井优质率从不足70%上升到95%，大幅提高了井筒质量，为后续试油作业省去了井筒质量复测及局部井段二次固井的施工工序，大幅缩减了运输及施工作业成本，为后续的试油作业施工顺利进行提高了效率。

不断升级、革新工艺技术、配套设备及施工流程，持续深化施工管理程度。多年来，通过对试油、修完井工艺技术的不断更新换代，采取更加安全、可靠、环保、便捷、低成本的工艺技术进一步保障了施工质量安全。严控管柱起下速度，避免储层伤害；升级APR测试管柱，解决出砂井问题；引入防漏失修井液体系，在保护储层的同时降低作业风险；优选排液工艺管柱，避免砂埋管柱的风险；引进废液处理技术和设备，确保废液处理达标后排放；革新$CaCl_2$改性压井液，严防高压油气层井控风险；研制自走式修井机，缩短搬家周期。

在狠抓施工质量的同时，不断深化落实施工环节的安全管理，针对在之前的施工中曾发生问题和隐患，采取了相应的纠正措施和办法，如针对伟创力现场材料存放曾发生燃烧的情况，特别要求危化品、易燃品在现场必须露天单独摆放，下垫上盖，保持通风；针对 Yogou 地层存在高压气层、气侵比较严重的情况，专门制定和推广实施了《尼日尔重点探井设备安装要求及 Yogou 地层节流循环操作注意事项》。

尼日尔沙漠油田项目公司专门组织修订完善了钻修井井控实施细则，更加符合油田钻修井作业的实际情况，并以此为指导，进一步提升钻修井施工的井控安全；通过此类措施和办法的管理，持续改进和提高了钻井、修井施工安全。

参考文献

[1] 王刚，樊洪海，刘晨超，等.新型高强度承压堵漏吸水膨胀树脂研发与应用 [J]. 特种油气藏，2019，26（2）：147-151.

[2] 孔祥吉，周玉斋，钱锋.尼日尔 Agadem 油田大斜度井试油工艺探讨 [J]. 油气井测试，2015，24（5）：56-57，61，78.

[3] 刘玉芬，李德玲，王宏声.纳维泵测试技术在大港油田的应用 [J]. 油气井测试，1999，（4）：50-52，75-76.

[4] 刘富奎，许国实.纳维泵 +MFE 阀组合工艺介绍 [J]. 油气井测试，1997（3）：67-69，78.

[5] 李文彬.纳维泵在弱自喷稠油井中测试 [J]. 石油钻采工艺，1989（1）：89-102.

[6] 程秋菊，冯文光，康毅力，等.特低渗透油藏入井流体顺序接触储层损害评价 [J]. 西南石油大学学报（自然科学版），2012，34（2）：137-143.

[7] 方培林，白健华，王冬.BHXJY-01 修井暂堵液体系的研究与应用 [J]. 石油钻采工艺 2012，34：101-103.

[8] 王正良，牛东岩，杨宇尧，等.吸水膨胀型聚合物暂堵剂储层保护效果研究 [J]. 石油天然气学报，2012，34（5）：143-145.

[9] 张斌，朱志芳.暂堵泡沫冲砂工艺的研究及应用 [J]，精细石油化工进展，2010，11（5）：47-49.

[10] 刘怀珠，李良川.微泡暂堵封窜技术研究与现场应用 [J]，石油钻探技术，2012，40（6）：71-73.

[11] 张玉光，金哲.关于修井作业中储层保护技术的研究 [J]，化工管理，2013（7）：26.

[12] 赖燕玲，向兴金，王昌军，等.隐形酸完井液效果评价及应用 [J]，石油天然气学报，2011，33（3）：115-119.

[13] 岳前升，刘书杰，何保生，等.海洋油田水平井胶囊破胶液技术 [J]. 东北石油大学学报，2010，34（4）：85-88.

[14] 刘珊珊.氯化钾硅酸盐在尼日尔 Agadem 油田的应用与研究 [J]. 石化技术，2018，25（6）：118.